高等职业教育"十三五"规划教材

建筑工程测量实训

主　编　谷云香
副主编　李金生　徐克红
　　　　刘　岩　张　娜
主　审　马　驰

北京理工大学出版社
BEIJING INSTITUTE OF TECHNOLOGY PRESS

内 容 提 要

本书为与《建筑工程测量》（谷云香主编）配套使用的教材。全书共分5个模块：模块1为实训前必读知识及要求，阐述了测量仪器使用管理、测量数据记录及测量实训报告编写格式与要求等；模块2为测量基本技能随堂实训（项目1～项目6），阐述内容包括：水准仪的使用及水准测量实训、经纬仪的使用及角度测量实训、全站仪及GPS接收机使用实训、图根控制测量、大比例尺地形图的测绘与使用实训、施工测量的基本测设工作实训；模块3为施工测量能力单项实训（项目7～项目11），阐述内容包括：建筑基线与建筑方格网的测设，民用建筑施工测量，高层建筑施工测量，钢结构工业厂房柱基础定位测设、管道纵、横断面测量；模块4为综合能力实习训练（项目12～项目14），阐述内容包括：建筑总平面图测绘（经纬仪测绘）、建筑总平面图测绘（数字化测图）、建筑施工测量综合实习；模块5为建筑工程测量相关案例学习（项目15～项目18），阐述内容包括：某工程施工测量方案示例、建筑物沉降观测工程示例、某高层住宅施工测量方案分析示例、地铁工程地面控制测量分析示例。

本书具有较强的实用性、通用性和借鉴性，可作为高职高专院校建筑工程技术、建设工程监理、工程造价、市政工程技术、给排水工程技术、房地产经营与管理等专业的教材，也可供土木建筑类其他专业、中职学校相关专业的师生及工程建设与管理工程技术人员阅读和参考使用。

版权专有　侵权必究

图书在版编目(CIP)数据

建筑工程测量实训 / 谷云香主编. —北京：北京理工大学出版社，2019.8
ISBN 978-7-5682-7447-0

Ⅰ. ①建… Ⅱ. ①谷… Ⅲ. ①建筑测量－高等学校－教材 Ⅳ. ①TU198

中国版本图书馆CIP数据核字（2019）第185038号

出版发行 / 北京理工大学出版社有限责任公司	
社　　址 / 北京市海淀区中关村南大街5号	
邮　　编 / 100081	
电　　话 /（010）68914775（总编室）	
（010）82562903（教材售后服务热线）	
（010）68948351（其他图书服务热线）	
网　　址 / http://www.bitpress.com.cn	
经　　销 / 全国各地新华书店	
印　　刷 / 北京紫瑞利印刷有限公司	
开　　本 / 787毫米×1092毫米　1/16	
印　　张 / 8.5	责任编辑 / 钟　博
字　　数 / 192千字	文案编辑 / 钟　博
版　　次 / 2019年8月第1版　2019年8月第1次印刷	责任校对 / 周瑞红
定　　价 / 32.00元	责任印制 / 边心超

图书出现印装质量问题，请拨打售后服务热线，本社负责调换

前 言

为了落实《教育部关于学习贯彻习近平总书记重要指示和全国职业教育工作会议精神的通知》，按照"统筹规划、优化结构、锤炼精品、鼓励创新"的原则，践行职业教育"三对接""学徒制"等，推进建筑类专业教育教学改革，深化课程建设，切实提高人才培养质量，我们组织编写了本教材。在编写过程中，依据《高等职业学校专业教学标准》，参考了现有相关教材的体系，突出了实用性和通用性。每个项目前均设置了相关支撑知识点，方便实训前准备使用；每个项目后均设置了测量能力考核和评价的内容，方便学生自主学习和工程技术人员自学、参考。

本书由辽宁生态工程职业学院谷云香担任主编并负责全书统稿，辽宁生态工程职业学院李金生、辽宁城市建设职业技术学院徐克红、辽宁生态工程职业学院刘岩、辽宁建筑职业学院张娜参与了本书部分章节的编写工作。具体编写分工为：模块2的项目3、5由李金生编写；模块3的项目7、11由徐克红编写；模块3的项目10和模块5的项目17由张娜编写；模块4的项目12和模块5的项目16、18由刘岩编写；模块1，模块2的项目1、2、4、6，模块3的项目8、9，模块4的项目13、14，模块5的项目15由谷云香编写。全书由辽宁省交通高等专科学校马驰主审。

本书编写过程中，参考了已有同类教材、有关文献和资料，在此谨向相关教材、文献的作者致以衷心的感谢。辽宁省测绘行业相关企业的专家对本书的编写也提出了一些宝贵意见，特表示真诚的谢意！

限于编者水平，书中难免会出现疏漏及不妥之处，恳请广大读者和专家批评指正。

编 者

目 录

模块1　实训前必读知识及要求
1.1　总体规定与要求 …………………… 1
1.2　测量仪器的借用与操作使用要求 …… 1
1.3　测量数据记录与计算规定 …………… 3
1.4　测量实训报告编写格式与要求 ……… 4

模块2　测量基本技能随堂实训

项目1　水准仪的使用及水准测量实训 …… 6
任务1　认识与操作水准仪 ……………… 6
任务2　普通水准测量 …………………… 7
任务3　四等水准测量 …………………… 9
思考题 …………………………………… 13
项目实训效果考核与测量能力评价 …… 14

项目2　经纬仪的使用及角度测量实训 …… 15
任务1　认识与操作经纬仪 ……………… 15
任务2　用测回法测量水平角 …………… 17
任务3　用方向观测法观测水平角 ……… 19
任务4　竖直角观测 ……………………… 21
任务5　视距测量 ………………………… 22
思考题 …………………………………… 24
项目实训效果考核与测量能力评价 …… 25

项目3　全站仪及GPS接收机使用实训 …… 26
任务1　认识和操作全站仪 ……………… 26

任务2　GPS接收机的认识和使用 ……… 28
思考题 …………………………………… 30
项目实训效果考核与测量能力评价 …… 31

项目4　图根控制测量 ……………………… 32
任务1　经纬仪导线测量 ………………… 32
任务2　全站仪导线测量 ………………… 35
思考题 …………………………………… 38
项目实训效果考核与测量能力评价 …… 39

项目5　大比例尺地形图的测绘与使用实训 …………………………………… 41
任务1　用经纬仪测绘法测地形图 ……… 41
任务2　全站仪野外数字测图的数据采集 ………………………………… 45
任务3　水平场地平整的土石方数量测算 ………………………………… 47
思考题 …………………………………… 49
项目实训效果考核与测量能力评价 …… 49

项目6　施工测量的基本测设工作实训 …… 51
任务1　用经纬仪极坐标法测设点位 …… 51
任务2　测设已知高程点和已知坡度线 …… 53
任务3　全站仪点位测设 ………………… 57
思考题 …………………………………… 59
项目实训效果考核与测量能力评价 …… 60

模块3 施工测量能力单项实训

项目7 建筑基线与建筑方格网的测设 …… 61
- 任务1 砌体结构建筑基线的测设 …… 61
- 任务2 框架结构建筑方格网的布设 …… 63
- 思考题 …… 64
- 项目实训效果考核与测量能力评价 …… 65

项目8 民用建筑施工测量 …… 66
- 任务1 砌体结构建筑定位与放线 …… 66
- 任务2 砌体结构基础施工测量 …… 71
- 任务3 砌体结构墙体施工测量 …… 73
- 思考题 …… 75
- 项目实训效果考核与测量能力评价 …… 75

项目9 高层建筑施工测量 …… 76
- 任务1 框架-剪力墙建筑轴线传递 …… 76
- 任务2 框架-剪力墙建筑高程传递 …… 77
- 任务3 框架-剪力墙结构建筑沉降观测 …… 78
- 思考题 …… 80
- 项目实训效果考核与测量能力评价 …… 81

项目10 钢结构工业厂房柱基础的定位测设 …… 83
- 思考题 …… 84
- 项目实训效果考核与测量能力评价 …… 85

项目11 管道纵、横断面测绘 …… 86
- 思考题 …… 89
- 项目实训效果考核与测量能力评价 …… 90

模块4 综合能力实习训练

项目12 建筑总平面图测绘（经纬仪测绘） …… 91
项目13 建筑总平面图测绘（数字化测图） …… 97
项目14 建筑施工测量综合实习 …… 103

模块5 建筑工程测量相关案例学习

项目15 某工程施工测量方案示例 …… 106
项目16 建筑物沉降观测工程示例 …… 117
项目17 某高层住宅施工测量方案分析示例 …… 121
项目18 地铁工程地面控制测量分析示例 …… 124

参考文献 …… 128

模块 1　实训前必读知识及要求

在测量实训实习过程中，学生通过实际操作测量仪器，进行安置、观测、记录、计算、编写报告等各项环节的实践训练，并按要求完成相关内容，才能真正掌握建筑工程测量的基本方法和基本技能。

1.1　总体规定与要求

为了保证训练效果和质量，在实训实习中每个学生均应遵守下列规定与要求：

(1)实训前应认真学习与本实训教材配套的《建筑工程测量》教材中的相关知识点，了解实训的目的、要求、方法、步骤和有关注意事项，并按要求准备好所需的物品和文具。

(2)实训分小组进行，组长应全面组织和管理本组的实训工作，有事及时与指导教师沟通和协调。每个小组应认真、及时、独立地完成实训任务。

(3)每次实训前和实训结束时组长应组织本组学生按要求办理所用仪器和工具的借领及归还手续，并将仪器拿到指定地点放好。

(4)实训应在规定时间内的指定场地进行，应自觉遵守实训纪律，不允许在实训期间玩手机、电子产品，如手机、平板电脑等。

(5)在实训中应将观测数据规范、工整地记录在规定表格及栏目中。如果发现记录数据有错误，不得用橡皮擦拭或随意涂改。正确做法是用细横线在错误数字上划一横道，并在原数字上方写上正确数字，同时在备注栏内写明原因。

(6)实训中当有仪器出现故障、工具损坏或丢失等情况发生时，应及时向指导教师报告，待指导教师查实后给出处理意见，不允许学生随意自行处理。

(7)在实训过程中，应养成在现场边测量边对观测结果进行必要的计算和成果检核的习惯，以便尽早发现问题。若发现观测成果不符合要求，应及时进行补测或返工重测。

(8)每次实训结束后，每个小组应由组长提交实训原始记录，每名同学均应编写并提交实训报告。

1.2　测量仪器的借用与操作使用要求

测量仪器属于较精密贵重的设备，应按正确方法操作使用，并要精心爱护和科学保养。

1. 仪器工具的借用与管理规定

(1)以实训小组为单位，由组长组织本组同学借用测量仪器和工具，并按实训室的规定办理借领手续。

(2)借领时，按实训书上本次实训的仪器工具要求或实训指导教师的要求当场清点核对仪器的型号、数量，并检查仪器工具是否完好，然后领出。

（3）搬运前应认真检查，保证仪器箱处于锁好状态；搬运时应轻取轻放，不能乱晃，避免剧烈震动和碰撞。

（4）实训过程中各组间不得私自调换仪器、工具，并实行"哪组借用哪组负责管理"和"谁使用谁负责保管"的责任制。

（5）实训结束时，应按正确方法及时收装仪器、工具，清除仪器上的灰尘及三脚架和尺端的泥土等，锁好仪器箱，送还仪器室检查验收。仪器工具如有遗失或损坏，应写出书面报告说明情况，并按有关规定给予赔偿。

2. 仪器的操作使用要求与注意事项

（1）仪器的安装。

1）先将仪器的三脚架在地面安置稳妥，安置仪器除按要求对中、整平外，若为泥土地面，应将三脚架脚尖踩入土中，若为坚实地面，应防止三脚架脚尖有滑动的可能性。

2）从箱中取出仪器之前应仔细查看仪器在箱中的正确放置位置，以便顺畅装箱。自箱内取出仪器时，不能用一只手抓仪器，应一只手握住照准部支架，另一只手扶住基座部分，轻拿轻放。安置时应先松开制动螺旋，轻轻安放到三脚架头上，一只手握住仪器，另一只手拧连接螺旋，直到拧紧连接螺旋，保证仪器与三脚架连接牢固。

3）仪器安置完成后，应及时关闭仪器箱盖，防止灰尘等进入箱内，严禁人坐在仪器箱上或在仪器箱上放书包等物品。

（2）仪器的使用。

1）仪器安置后，无论是否在观测，均应有人看管。禁止无关人员拨弄，不能让过路行人、车辆等碰撞。

2）仪器镜头上的灰尘，应该用仪器箱中的软毛刷拂去或用镜头专用布轻轻擦去，严禁用手指或手帕等擦拭，以免损坏镜头上的药膜，观测结束应及时套上物镜盖。

3）在强阳光下观测时，应撑伞防晒；在雨天应禁止观测；对于电子测量仪器，在任何情况下均应撑伞防护。

4）转动仪器时，应先松开制动螺旋，然后平稳转动；使用微动螺旋时，应先旋紧制动螺旋，但切不可拧得过紧；微动螺旋不要旋到顶端，即应使用中间的一段螺纹。

5）仪器在使用中发生故障时，应及时向指导教师报告，不得自行处理。

（3）仪器的搬迁。

1）近距离或在行走方便的地段迁站时，可以将仪器连同三脚架一起搬迁。先检查连接螺旋是否旋紧，松开各制动螺旋，如为经纬仪，则将望远镜物镜向着度盘中心，均匀收拢各三脚架腿，左手托住仪器的支架或基座，右手抱住脚架，稳步前行。严禁在肩上斜扛仪器搬迁。

2）在行走不便的地段搬迁测站或远距离迁站时，应将仪器装箱后再搬。

3）迁站时注意将仪器的所有附件及工具等带走，避免遗失。

（4）仪器的装箱。

1）仪器使用完毕后，应清除仪器上的灰尘，套上物镜盖，松开各制动螺旋，将脚螺旋调至中段并使其大致同高。一只手握住仪器支架或基座，另一只手旋松连接螺旋，并用双手从三脚架头上取下仪器。

2）仪器应按正确位置放入箱内。仪器放完后先试关箱盖，若箱盖合不上口，说明仪器放置位置不正确，应重新放置，切勿强行压箱盖，以免损伤仪器。确认仪器放好后，拧紧仪器的各制动螺旋，然后关箱、按扣、锁紧。

3）清除箱外的灰尘和三脚架脚尖上的泥土。

4）清点仪器附件和工具。

(5) 测量工具的使用要求。

1）使用钢尺时，应使尺面平铺于地面，防止扭转、打圈，防止行人踩踏或车轮碾压，尽量避免尺身沾水。量好一尺段再向前量时，必须将尺身提起离地，携尺前进，不得沿地面拖尺，以免磨损尺面刻划甚至折断钢尺。钢尺用完后，应将其擦净并涂油防锈。

2）水对皮尺的危害更大，皮尺若受潮，应晾干后再卷入盒内，卷皮尺时切忌扭转卷入。

3）使用水准尺和标杆时，应注意立直，防止倾斜、倒下等，防止尺面分划受磨损。更不能用标杆作棍棒使用。

4）对于垂球、测钎、尺垫等小件工具应用完即收，防止遗失。

1.3 测量数据记录与计算规定

在测量工作中，一般的数据记录与计算规定如下：

(1) 观测数据应直接记录在规定的表格中，不得用其他纸张记录后再转抄。

(2) 记录表格上规定的栏目应填写齐全，不能空白不填。

(3) 观测者读数后，记录者应立即复读数据，核实后再记录。

(4) 所有记录与计算用 2H 或 HB 等绘图铅笔填写。记录字体应端正清晰、数字齐全、数位对齐，一般字体大小应略大于格子的一半，字脚靠近底线，以便留出空隙改错。

(5) 记录的数据应写全规定的位数，规定的位数与精度要求有关。普通测量数据位数的规定见表 0.1。

表 0.1 普通测量数据位数的规定

数据类型	数据单位	应记录的位数
水准测量中的数据	米(m)	三位(小数点后)
量距中的数据	米(m)	三位(小数点后)
角度的分	分(′)	两位
角度的秒	秒(″)	两位

(6) 禁止擦拭、涂抹与挖补。若发现错误，应在错误数字处用横线划道。若整个部分出现问题，不可画斜线表示，不得使原始数字模糊不清。若局部(非尾数)出现错误，应将局部数字划去，将正确数字写在原数字上方。所有记录的修改和观测成果的淘汰，必须在备注栏注明原因，如测错、记错或超限等。

(7) 观测数据的尾数部分不准更改，应将该部分观测值废去重测。

(8)禁止连续更改,如角度测量中的盘左、盘右读数,距离丈量中的往、返测读数等均不能同时更改,否则重测。

(9)数据的计算应根据所取的位数,按"4舍6入,5前单进双舍"的规定进行凑整。如取至毫米位,1.606 4 m、1.605 6 m、1.606 5 m、1.605 5 m均应记为1.606 m。

(10)每测站观测结束后,必须在现场完成规定的计算和检核,确认无误后方可迁站。表示精度或占位的"0"均不能省略,如水准尺读数2.56 m应记为2.560 m;角度读数26°8′6″应记为26°08′06″。

1.4 测量实训报告编写格式与要求

1. 实训报告封皮参考样式

×××× 学院(或学校)
《建筑工程测量》实训(或实习)报告

实训项目:_____
专业班级:_____
组号姓名:_____
指导教师:_____
实训地点:_____
日　　期:_____

2. 文本内容要求

(1)封面。列出实训(实习)名称、地点、日期、专业、班级、组别、姓名、学号、组员、组长、指导教师等。

(2)目录。列出本报告的主要内容。

(3)前言。说明实训目的、任务与要求、写报告人在小组中的角色及具体任务等。

(4)正文内容。说明实训(实习)项目名称、程序、方法与步骤、精度、观测记录、计算成果及示意图等,按实训(实习)顺序逐一编写。

(5)结束语。说明实训(实习)心得体会、意见和建议等。

3. 撰写规范化及格式要求

(1)书写要求。应使用 A4 大小的纸用钢笔书写或打印,并装订规整。若打印,应采用 A4 纸,目录用四号宋体,并注明页码,中间用"……"字符相连;正文中标题用四号宋体,正文内容用小四号宋体,行间距为单倍行距;上、下、左、右的页边距均为 2 cm。

(2)文字要求。文笔通顺,字迹工整,语言流畅,无错别字。

(3)图表要求。所有表格最好采用打印表格,如果可能建议用 Excel 进行计算和打印。

(4)图纸要求。图纸的绘制、尺寸标注均应符合测量图式的要求。

(5)所有附图、附表应统一编号。

模块 2　测量基本技能随堂实训

项目 1　水准仪的使用及水准测量实训

相关支撑知识

(1)DS_3型水准仪的外形和主要部件的名称。
(2)双面水准尺。
(3)水准仪的操作使用方法与步骤。
(4)普通水准测量的外业施测方法及注意事项。
(5)不同形式水准路线的高差闭合差的计算。
(6)四等水准测量的程序、方法及限差要求。

任务 1　认识与操作水准仪

1. 实训目的

(1)了解DS_3型水准仪的基本构造和性能，认识其主要构件的名称和作用。
(2)能正确进行水准仪的基本操作。

2. 任务与要求

根据学校仪器设备情况可选择微倾式水准仪或自动安平水准仪进行实训。在教师的指导下主要完成下列任务：①了解DS_3型水准仪的外形和主要部件的名称、作用及使用方法；②认清水准尺的刻划特点和注记形式；③进行水准仪的安置、粗平、瞄准、精平（自动安平水准仪不需要）、读数和高差计算的练习。

3. 项目实施

(1)实训方式及学时分配。

1)分小组进行，4～5人一组，小组成员要团结协作，轮流操作。
2)学时数为2学时，可安排课内完成。

(2)仪器、工具及附件。

1)每组借领：DS_3型水准仪1台、三脚架1副、水准尺1对。
2)自备：记录板1块、铅笔1支、测伞1把。

(3)实训步骤简述。

1)认识水准仪和水准尺。先由指导教师安置1台水准仪，集中给同学们讲解水准仪的主要部件名称、构造、组成、水准尺的刻划特点、注记形式及读数要求,然后学生分组后再进一步熟悉。

2)操作使用水准仪。水准仪的基本操作程序:安置—粗平—瞄准—精平—读数。

实训时,可由教师先示范操作一遍,然后学生分组进行练习。

3)练习水准测量的记录计算。按要求在表1.1中进行水准测量读数记录练习,并计算两水准尺立尺点的高差。

(4)实训中的注意事项。

1)仪器安放到三脚架架头上,最后必须旋紧连接螺旋,使连接牢固。

2)水准仪在读数前,必须使长水准管气泡严格居中(自动安平水准仪除外)。

3)读数前必须消除视差。

4)从水准尺上读数必须读4位数:m、dm、cm、mm。

(5)记录计算表。水准测量读数记录计算练习表见表1.1。

表1.1 水准测量读数记录计算练习表

测站	测点	水准尺读数/m		高差 h/m	平均高差/m
		后视	前视		

4. 提交成果

(1)小组提交本次实训记录计算练习表。

(2)每个人提交实训报告1份。

任务2 普通水准测量

1. 实训目的

(1)能进行普通水准测量一个测站和多个测站的连续水准施测。

(2)能进行普通水准测量的观测、记录、高差闭合差调整及高程计算。

2. 任务与要求

按普通水准测量要求，施测一条闭合水准路线，路线长度约为 350 m，设 4~6 站。高差闭合差要求：$f_{h允}=\pm 12\sqrt{n}$ mm，n 为测站数。

3. 项目实施

(1)实训方式及学时分配。

1)分小组进行，每小组由 4~5 人组成，轮流分工；1~2 人操作仪器，1 人记录，2 人立水准尺。

2)学时数为 2 学时，可安排课内完成。

(2)仪器、工具及附件。

1)每组借领：DS_3 型水准仪 1 台、三脚架 1 副、水准尺 1 对、尺垫 1 对。

2)自备：记录板 1 块、铅笔 1 支、计算器 1 个、测伞 1 把。

(3)实训步骤简述。

1)确定施测路线。在指导教师的指导下，选一已知水准点作为高程起始点，记为 BM_A，选择有一定长度(约为 350 m)、一定高差的路线作为施测路线，一般设 4~6 站。

2)施测第 1 站。以已知高程点 BM_A 作为后视点，在其上立尺，在施测路线的前进方向上选择适当位置为第一个立尺点(TP_1)作为前视点，在 TP_1 处放置尺垫，在尺垫上立尺。将水准仪安置在与后视点、前视点距离大致相等的位置(可步测)，粗平，瞄准后视尺，精平，将读数 a_1 记入记录计算表中对应后视栏处；再转动望远镜瞄准前视尺，精平，将读数 b_1 记入前视栏中(本次实训只读水准尺黑面)。

3)计算高差。$h_1=$ 后视读数 $-$ 前视读数 $=a_1-b_1$，将结果记入高差栏中。

4)搬仪器至第 2 站，第 1 站的前视尺不动变为第 2 站的后视尺，第 1 站的后视尺移到转点 TP_2 上，变为第 2 站的前视尺，按与第 1 站相同的方法进行观测、记录、计算。

5)按选定的水准路线方向依上述程序继续向前施测，直到回到起始水准点 BM_A 为止，完成最后一个测站的观测、记录与计算。

6)成果校核。计算闭合水准路线的高差闭合差，$f_h=\sum h \leqslant \pm 12\sqrt{n}$ (mm)，式中，n 为测站数。若高差闭合差超限，应先进行计算校核，若不是计算问题，则应返工重测。

(4)实训中的注意事项。

1)应使水准尺立直，不能倾斜。应采用步测方法，使各测站的前、后视距离基本相等。

2)尺垫只能放在转点处，已知高程点和待求高程点上均不能放置尺垫。

3)同一测站只能粗平一次(测站重测，需重新粗平仪器)，每次读数前，均应检查水准管气泡是否居中，并注意消除视差。

4)仪器未搬站时，前视点、后视点上的尺垫均不能移动。仪器搬动了，后视尺立尺员才能携尺和尺垫前进，但前视点上尺垫仍不能移动。若前视尺垫移动，则需从起点开始重测。

5)测站数一般布置为偶数。

(5)记录计算表。普通水准测量记录计算表见表 1.2。

表 1.2　普通水准测量记录计算表

日期：　　年　月　日　　　仪器编号：　　　　　观测者：　　　　　记录者：

测站	测点	后视读数/m	前视读数/m	高差/m	高差改正值/m	改正后高差/m	高程/m	备注
总和								
检核								

4. 提交成果

(1)小组提交普通水准测量记录计算表。

(2)每人交实训报告 1 份。

任务 3　四等水准测量

1. 实训目的

(1)掌握四等水准测量的观测、记录和计算方法，能进行具体操作和计算。

(2)掌握四等水准测量的主要技术指标，能进行四等水准测量测站及路线检核。

2. 任务与要求

(1)施测一条闭合或附合水准路线，路线长度约为 400 m，以安置 4~6 个测站为宜。

(2)每小组要完成这条闭合路线的四等水准测量的观测、记录、测站计算、高差闭合差调整及高程计算工作。

(3)观测及计算应符合四等水准测量的主要技术指标要求，见表 1.3。

表 1.3 四等水准测量的主要技术指标要求

等级	视线高度 /m	视距长度 /m	前、后视距差 /m	前、后视距累积差 /m	黑、红面分划读数差/mm	黑、红面分划所测高差之差/mm	路线闭合差 /mm
四	>0.2	≤100	≤5.0	≤10.0	3.0	5.0	$\pm 20\sqrt{L}$

注：L 为路线总长，以 km 为单位。

3. 项目实施

(1)实训方式及学时分配。

1)分小组进行，每小组由 4~5 人组成。1~2 人观测，1 人记录，2 人扶尺，依次轮流进行。

2)学时数为 4 学时，可安排课内完成。

(2)仪器、工具及附件。

1)每小组借领：水准仪 1 台、三脚架 1 副、双面直尺 1 对、尺垫 2 个。

2)自备：记录板 1 块、铅笔 1 支、计算器 1 个、测伞 1 把。

(3)实训步骤简述。

1)按要求选取一条闭合或附合水准路线，并沿线标定待定点的地面标志。

2)在起点与第一个立尺点的中间设站，安置好水准仪后，可按"后—前—前—后"的顺序进行一个测站的观测，即：

后视黑面尺，读取上、下丝读数；精平，读取中丝读数；分别记入表 1.4 的(1)、(2)、(3)栏中。

前视黑面尺，读取上、下丝读数；精平，读取中丝读数；分别记入表 1.4 的(4)、(5)、(6)栏中。

前视红面尺，精平，读取中丝读数；记入表 1.4 的(7)栏中。

后视红面尺，精平，读取中丝读数；记入表 1.4 的(8)栏中。

当沿土质坚实的路线进行测量时，四等水准测量也可采用"后—后—前—前"的观测顺序。

3)各种观测记录完毕应随即进行测站计算与检核。

①视距计算与限差要求。

后视距离：(9)=[(1)-(2)]×100；

前视距离：(10)=[(4)-(5)]×100；

前、后视距差：(11)=(9)-(10)；

前、后视距累积差：$(12)_{本站}=(12)_{上站}+(11)_{本站}$。

限差应符合表 1.3 的要求。四等水准测量：(9)及(10)≤100 m，$d(11)$≤5 m，$\sum d(12)$≤10 m。

②同一水准尺红、黑面中丝读数的检核计算。以表中第 1 测站为例说明如下：

前尺：$(13)=(6)+K_2-(7)$；

后尺：$(14)=(3)+K_1-(8)$。

检核要求：同一水准尺红、黑面中丝读数之差，应等于该尺红、黑面的尺常数 K (4.687 m 或 4.787 m)。限差应符合表 1.3 的要求。四等水准测量：(13)及(14)≤3 mm。

③高差计算及检核。

黑面高差：(15)＝(3)－(6)；

红面高差：(16)＝(8)－(7)；

校核计算：红、黑面高差之差(17)＝(15)－[(16)±0.100]＝(14)－(13)；

高差中数：(18)＝[(15)＋(16)±0.100]/2。

式中 0.100 m 为单、双号两根水准尺红面零点注记之差。

检核应符合表 1.3 的要求。四等水准测量：(17)≤5 mm。

4)检查各项计算值满足限差要求后，依次设站同法施测整个路线。

5)全路线施测完毕后计算与检核。

①高差计算检核。

若测站数为偶数：

$$\sum[(3)+(8)] - \sum[(6)+(7)] = \sum[(15)+(16)] = 2\sum(18)$$

若测站数为奇数：

$$\sum[(3)+(8)] - \sum[(6)+(7)] = \sum[(15)+(16)] = 2\sum(18) \pm 0.100$$

②视距计算检核。

末站视距累积差值：$(12)_{末站} = \sum(9) - \sum(10)$

路线总长（总视距）：$\sum L = \sum(9) + \sum(10)$

③路线闭合差（应符合限差要求）的计算。

④各站高差改正数及各待定点的高程计算。

(3)实训中的注意事项。

1)四等水准测量记录计算较复杂，要步步校核。各项检核及路线闭合差均应符合要求，否则应重测。

2)实训中应注意培养团队意识，全组人员密切配合，团结协作，才能较好地完成各项任务。

3)记录者应复读观测者所报读数，核对无误后才可记入记录表中。记录字迹要工整、干净。严禁转抄、照抄、涂改原始数据。应随测随计算，如果发现有超限现象，立即告诉观测者进行重测。

4)表 1.4 内"( )"中的数，表示观测读数与计算的顺序。

5)仪器前、后尺视距一般不超过 80 m。

6)双面直尺应成对使用，其中一根尺常数 $K_1=4.687$ m，另一根尺常数 $K_2=4.787$ m，两尺的红面读数相差 0.100 m（即 4.687 与 4.787 之差）。两根尺应交替前进，不能弄乱。在记录表中也要写清尺号，在备注栏内写明相应尺号的 K 值。

7)起点高程可采用假定高程值。

(4)记录计算表。四等水准测量观测记录表、计算表分别见表 1.4 和表 1.5。

表 1.4 四等水准测量观测记录表

测段：自_____至_____　　仪器型号(编号)：_____　　观测者：_____
时间：____年____月____日　　天气：_____　　　　　　记录者：_____

测站编号	测点编号	后尺 上丝/m 下丝/m	前尺 上丝/m 下丝/m	方向和尺号	水准尺读数 /m		$K+$黑$-$红 /mm	高差中数 /m	备注
		后视距/m	前视距/m		黑面	红面			
		视距差 d/m	$\sum d$/m						
		(1)	(4)	后	(3)	(8)	(14)		
		(2)	(5)	前	(6)	(7)	(13)		$K_1=4.687$
		(9)	(10)	后－前	(15)	(16)	(17)	(18)	$K_2=4.787$
		(11)	(12)						
1	BM_1 ↓ TP_1			后1 前2 后－前					
2	TP_1 ↓ TP_2			后2 前1 后－前					
3	TP_2 ↓ TP_3			后1 前2 后－前					
4	TP_3 ↓ BM_2			后2 前1 后－前					

检核：
$\sum(9)-\sum(10)=$　　　　　　$1/2[\sum(15)+(16)]=$
　　　　　　　　　　　　　　　$1/2\{\sum[(3)+(8)]-\sum[(6)+(7)]\}=$
末站(12)=
总视距$=\sum(9)+\sum(10)$　　　总高差$=\sum(18)=$

表 1.5 四等水准测量观测计算表

点号	距离/km	测得高差/m	高差改正数/mm	改正后高差/m	高程/m
∑					

$f_h=$　　　　　　$f_{h容}=$　　　　　　观测者：_____　　　　计算员：_____

4. 提交成果

(1) 小组提交四等水准测量观测记录表。

(2) 每人交实训报告 1 份。

思考题

1. DS_3 型水准仪的基本构造组成有哪些？各起什么作用？
2. DS_3 型水准仪的基本操作方法和步骤是什么？
3. 为什么在水准测量中要求前视、后视距离相等？
4. 在水准测量中，计算待定点高程有哪两种基本方法？各在什么情况下应用？
5. 如何区别实测校核与计算校核？简述水准测量中实测校核的测站校核和路线校核方法。
6. 四等水准测量的主要技术要求有哪些？
7. 四等水准测量的检核内容有哪些？方法如何？
8. 如何进行四等水准测量一个测站的测量及整个路线的测量？应注意哪些问题？

项目实训效果考核与测量能力评价

表 1.6 水准测量能力考核与评价表

班　级：　　　　　　　　　组别：　　　　　　　　　考核教师：
控 制 点：　　　　　　　　日期：　　　　　　　　　使用仪器：
观 测 者：　　　　　　　　配合人员：

考核内容	考核指标	赋分	评价标准及要求	得分	备注
水准仪的使用	操作方法是否正确、规范	10	操作合理规范，否则根据具体情况扣分		
	水准仪的安置及使用的熟练程度	15	水准仪安置正确，仪器操作熟练，组员配合默契，否则根据具体情况扣分		
	线路闭合差	20	要求≤10 mm，超限不得分		
	记录、计算的正确完整程度	15	记录完整整洁、计算正确，否则扣分		
	操作时间	20	5 min 内满分；6～10 min 记 15 分；11～15 min 记 10 分；15 min 以上记 0 分		
	团结协作、沟通、分析问题、解决问题的能力等	10	由教师根据学生表现酌情打分		
	维护仪器、设备安全及文明、遵纪情况	10	实训态度端正，不玩手机，使用仪器维护到位，文明作业，无不安全事故发生，否则根据具体情况扣分		
考核结果与评价	考核评分合计				
	综合评价				

项目2　经纬仪的使用及角度测量实训

相关支撑知识

(1)DJ₆型光学经纬仪的构造组成及各组成部分的作用和使用方法。

(2)操作使用DJ₆型光学经纬仪的方法和步骤。

(3)快速安置经纬仪的方法,即升落脚架法。

(4)分微尺测微器及其读数方法。

(5)用测回法进行水平角测量。

(6)用方向观测法观测水平角。

(7)竖直角测量。

(8)视距测量。

(9)竖直角与天顶距的概念和测量方法。

任务1　认识与操作经纬仪

1. 实训目的

(1)了解DJ₆型光学经纬仪的外形及部件名称,能说出各部件名称及作用。

(2)掌握DJ₆型光学经纬仪的操作使用方法,能正确操作使用DJ₆型光学经纬仪。

2. 任务与要求

(1)熟悉仪器的取出和装箱方法。

(2)了解DJ₆型光学经纬仪的外形、结构及主要部件的名称、作用和使用方法,特别要记住各旋钮的作用。

(3)进行经纬仪的基本操作步骤——"对中、整平、瞄准、读数"的练习。要求对中误差小于3 mm,整平误差小于1格。

(4)每个学生在教师的指导下应能独立完成经纬仪的基本操作。

3. 项目实施

(1)实训方式及学时分配。

1)分小组进行,以4~5人为一组。

2)学时数为2学时,可安排课内完成。

(2)仪器、工具及附件。

1)每小组借领：DJ_6 型光学经纬仪 1 台、三脚架 1 副、测钎 2 个。

2)自备：记录板 1 块、铅笔 1 支、计算器 1 个、测伞 1 把。

(3)实训步骤简述。

1)教师(或请 1 名同学配合)示范经纬仪的操作使用的步骤和方法。

2)学生进行对中、整平、瞄准、读数的练习。

3)盘左、盘右观测的练习。松开望远镜制动螺旋，纵转望远镜从盘左转为盘右(或相反)，进行瞄准和读数的练习。

4)改变水平度盘位置的练习。旋紧水平制动螺旋，打开保护盖，转动水平度盘位置变换轮，从度盘读数镜中观察水平度盘读数的变化情况，并试对准某一整数度数，如 $0°00'00''$、$80°00'00''$等，最后盖好保护盖。

(4)实训中的注意事项。

1)仪器连接在三脚架上时，一定要确认连接牢固。

2)经纬仪对中时，应使三脚架架头大致水平，以降低仪器整平的难度。

3)经纬仪整平时，应使照准部转到各个方向时长水准管气泡均居中，其偏差应在规定范围以内。

4)望远镜瞄准目标时，若测水平角应尽量用十字丝交点附近的竖丝瞄准目标底部。当目标影像较大时，可用十字丝的单丝平分目标影像；当目标影像较小时，可用十字丝的双丝夹准目标影像。测竖直角时，应用十字丝的中丝切准目标影像。

5)读数前应消除视差。

6)用分微尺进行度盘读数时，可估读至 $0.1'$，估读应准确。

(5)记录计算表。水平度盘和竖直度盘读数练习记录表见表 2.1。

表 2.1 水平度盘和竖直度盘读数练习记录表

班级：_____　　　姓名：_____　　　日期：____年____月____日

测站	目标	竖盘位置	水平盘读数			竖直盘读数		
			°	′	″	°	′	″

4. 提交成果

(1)实训结束时小组提交水平度盘和竖直度盘读数练习记录表。

(2)课后每人交实训报告1份。

任务2 用测回法测量水平角

1. 实训目的

(1)熟练掌握经纬仪的操作和使用方法。

(2)掌握用测回法观测水平角的观测程序、记录和计算方法。

2. 任务与要求

(1)如图2.1所示,用测回法观测水平角$\angle AOB$的值β。

(2)每组对同一角度观测2测回,每人至少独立进行一测回的水平角观测,并以该测回的观测和计算成果上交。

(3)观测计算时两项限差必须符合要求。一是上、下半测回的角值之差;二是各测回间的角值之差。对于常用的DJ_6型经纬仪要求半测回角值之差不超过$\pm 40''$,各测回观测角值之差不超过$\pm 24''$。若半测回角值之差超限,则应重测该测回;若

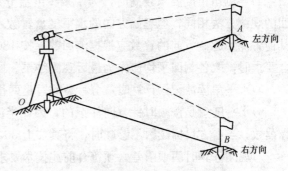

图2.1 用测回法观测水平角

各测回间的角值之差超限,则应重测角值偏离各测回平均角值较大的那一测回。

3. 项目实施

(1)实训方式及学时分配。

1)分小组进行,每小组由4~5人组成,轮流观测和记录。

2)学时数为2学时,可安排课内完成。

(2)仪器、工具及附件。

1)每小组借领:DJ_6型光学经纬仪1台、三脚架1副、测杆或测钎2个。

2)自备:铅笔1支、记录板1块、计算器1个、测伞1把。

(3)实训步骤简述。

1)如图2.1所示,在O点(测站点)安置经纬仪(对中、整平),在A、B两目标点竖立照准标志物(测杆或测钎等)。

2)将经纬仪置于盘左位置(竖直度盘位于望远镜目镜左侧,也称正镜),照准左方目标A,将水平度盘置数为稍大于$0°00'00''$,读取读数$a_左$,记入记录表中。

3)松开水平制动螺旋,顺时针转动照准部,照准右方目标B,读取读数$b_左$,记入记录表中。

上述2)、3)两步称为盘左半测回或上半测回,所测水平角值为$\beta_左 = b_左 - a_左$。

4)松开水平及竖直制动螺旋,将经纬仪置于盘右位置(竖直度盘位于望远镜目镜右侧,也称倒镜),照准右方目标 B,读取读数 $b_右$,记入记录表中。

5)逆时针转动照准部,照准左方目标 A,读取读数 $a_右$,记入记录表中。

上述 4)、5)两步称为盘右半测回或下半测回,所测水平角值为 $\beta_右 = b_右 - a_右$。

6)上、下半测回合称一测回。两个半测回的角值之差符合规定要求时,才能取其平均值作为一测回的观测结果,即 $\beta = 1/2(\beta_左 + \beta_右)$。

7)该角进行第 2 个测回时,盘左瞄准左目标后,用水平度盘位置变换手轮,将水平度盘置数改为稍大于 $90°00'00''$,然后再进行精确读数。

(4)实训中的注意事项。

1)安置经纬仪时,与地面点的对中误差应小于 2 mm。

2)瞄准目标时,应尽量瞄准目标底部,以减少目标倾斜所引起的水平角观测的误差。

3)在观测过程中,若发现水准管气泡偏移超过 2 格,应重新整平仪器,并重测该测回。一测回过程中,不得再调整水准管气泡或改变度盘位置。

4)当测角精度要求较高时,为了减少度盘分划误差的影响,往往要测多个测回,各测回的观测方法相同,但起始方向的水平度盘置数不同,第一测回的置数应略大于 $0°00'00''$,其他各测回起始方向的置数应根据测回数 n 按 $180°/n$ 递增变换。当各测回观测角值之差符合要求时,取各测回平均值作为最后观测结果。

5)水平角读数记录计算时,分秒数需写足两位。

6)水平度盘是按顺时针方向注记的,因此半测回角值必须是右方目标读数减去左方目标读数。当右方目标读数不够减时,将其加上 $360°$ 之后再减去左方目标读数。

7)观测计算时两项限差必须符合前述技术要求。

(5)记录计算表。用测回法观测水平角记录计算表见表 2.2。

表 2.2 用测回法观测水平角记录计算表

班级:_____ 姓名:_____ 日期: 年 月 日

测站	测回	竖盘位置	目标	水平度盘数 /(° ′ ″)	半测回角值 /(° ′ ″)	一测回角值 /(° ′ ″)	各测回平均角值 /(° ′ ″)	备注
O	1	左	A					
			B					
		右	A					
			B					
O	2	左	A					
			B					
		右	A					
			B					

4. 提交成果

(1)实训结束时小组提交用测回法观测水平角记录计算表。

(2)课后每人交实训报告 1 份。

任务3 用方向观测法观测水平角

1. 实训目的

(1)掌握用方向观测法观测水平角的操作顺序、记录与计算方法。

(2)掌握用方向观测法观测水平角内业计算中各项限差的意义和规定。

2. 任务与要求

(1)如图2.2所示,在开阔地面选定某点O为测站点,用记号笔等标定O点位置。然后在场地四周任选4个目标点A、B、C和D(距离O点各为15～30 m)。用方向观测法观测各个方向的方向值,然后计算出各方向之间的角值。

(2)要求每个小组测2个测回。

(3)限差要求:用光学对中法对中,对中误差小于1 mm;半测回归零差不超过$\pm 18''$;各测回方向值互差不超过$\pm 24''$。

3. 项目实施

(1)实训方式及学时分配。

1)分小组进行,每小组由4～5人组成,轮流观测和记录。

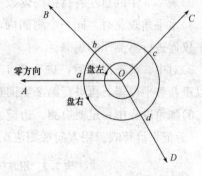

图2.2 用方向观测法测水平角

2)学时数为2学时,可安排课内完成。

(2)仪器、工具及附件。

1)每组借领:DJ$_6$型经纬仪1台、三脚架1副、测钎5个。

2)自备:记录板1块、铅笔1支、计算器1个、测伞1把。

(3)实训步骤简述。设A方向为零方向。将经纬仪安置于O测站,对中、整平后按下列步骤进行操作:

1)盘左位置,瞄准起始方向A,将水平度盘置数为稍大于$0°00'00''$,再重新照准A方向,读取水平度盘读数a,并记录。

2)按照顺时针方向转动照准部,依次瞄准B、C、D目标,并分别读取水平度盘读数b、c、d,并进行记录。

3)最后回到起始方向A,再读取水平度盘读数a'。这一步称为"归零"。a'与a之差称为"归零差"。计算半测回"归零差",不能超过允许限值,若超限,应及时重测。

以上操作称为上半测回观测。

4)盘右位置,按逆时针方向旋转照准部,依次瞄准A、D、C、B、A目标,分别读取水平度盘读数,记入记录表中,并算出盘右的"归零差",不能超限,否则重测,称为下半测回。

上、下两个半测回合称为一测回。

5)计算同一方向两倍照准误差 $2C$ 值,$2C=$盘左读数$-$(盘右读数$\pm 180°$)。

6)计算同一方向盘左、盘右平均读数:

$$平均读数=\frac{盘左读数+(盘右读数\pm 180°)}{2}$$

7)计算归零方向值,将各方向的平均读数分别减去起始方向括号内的平均值即可。

8)重复上述步骤进行第 2 测回的观测和计算。此时盘左起始读数应调整为 $90°00'00''$。

9)计算各测回归零方向值的平均值。若测回差符合要求,取各测回同一方向归零方向值的平均值作为最后结果,并据此计算各方向之间的角值。

(4)实训中的注意事项。

1)零方向的选择很重要,应选择在距离适中、通视良好、成像清晰稳定、俯仰角和折光影响较小的方向。

2)如为提高精度观测 n 个测回,则各测回间仍应按 $180°/n$ 变动水平度盘位置。

3)表 2.3 中的盘左各目标的读数从上往下记录,盘右各目标的读数从下往上记录。

4)水平角观测时,同一个测回内,照准部水准管偏移不得超过 1 格。否则,需要重新整平仪器进行本测回的观测。

5)对中、整平仪器后,进行第 1 测回观测,期间不得再整平仪器。但第 1 测回完毕,可以重新整平仪器,再进行第 2 测回观测。

6)测角过程中一定要边测、边记、边算,以便及时发现问题。

(5)记录计算表。用方向观测法观测水平角的记录计算表见表 2.3。

表 2.3 用方向观测法观测水平角的记录计算表

测站	测回数	目标	读数		2C /('')	平均读数 /(° ′ ″)	归零方向值 /(° ′ ″)	各测回归零方向值的平均值 /(° ′ ″)	水平角值 /(° ′ ″)
			盘左 /(° ′ ″)	盘右 /(° ′ ″)					
1	2	3	4	5	6	7	8	9	10
O	1	A							
		B							
		C							
		D							
		A							
		Δ							
	2	A							
		B							
		C							
		D							
		A							
		Δ							

4. 提交成果

(1)实训结束时小组提交用方向观测法观测水平角的记录计算表。

(2)课后每人交实训报告1份。

任务4 竖直角观测

1. 实训目的

(1)了解经纬仪竖直度盘的构造、注记形式、竖盘指标差与竖盘水准管之间的关系。

(2)掌握竖直角观测、记录与计算方法,能进行实际操作。

2. 任务与要求

(1)如图2.3所示,在开阔地面上选定某点O为测站点,用记号笔等标定O点位置。然后在场地四周任选2个目标点A、B(距离O点各为15~30 m),而且使目标点A在水平视线上方,目标点B在水平视线下方。用测回法进行目标点A、B的竖直角测量。

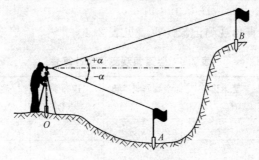

图2.3 竖直角观测

(2)每个人均应独立完成两个目标1测回的观测、记录与计算。

(3)技术要求。同一测站上不同目标的指标差互差或同方向各测回指标差互差应不超过25″。

3. 项目实施

(1)实训方式及学时分配。

1)分小组进行,4~5人一组,轮流观测和记录。

2)学时数为2学时,可安排课内完成。

(2)仪器、工具及附件。

1)每组借领:DJ$_6$型经纬仪1台、三脚架1副、花杆2根。

2)自备:记录板1块、铅笔1支、计算器1个、测伞1把。

(3)实训步骤简述。

1)按任务要求选定测站点O和目标点A、B,并做好标志。

2)将仪器安置于测站点O上,对中、整平,然后转动望远镜,从读数镜中观察竖直度盘读数的变化,确定竖盘的注记形式,并在记录表中写出竖直角及竖盘指标差的计算公式。

3)盘左瞄准目标点 A(中丝切于目标顶部)。调节竖盘指标水准管微动螺旋,使竖盘指标水准管气泡居中(带有竖盘指标自动补偿器的经纬仪,读数前应将补偿器开关置于"ON"状态),将读数 L 记入表中,计算出盘左时的竖直角 α_L,记入表中第5栏,完成上半测回的观测、记录与计算。

4)盘右瞄准目标点 A,使竖盘指标水准管气泡居中,读数为 R,记录并计算下半测回的竖直角 α_R。

上、下半测回合起来称为一测回。

5)计算竖盘指标差 x,并记入表中第6栏。

6)判别竖盘指标差 x 是否超限,若符合要求,取盘左、盘右竖直角的平均值作为一测回竖直角值,并记入表中第7栏。

7)用同样的方法观测、记录、计算目标点 B 的竖直角。

(4)实训中的注意事项。

1)瞄准目标时,横丝应切于目标的顶部(如标杆)或通过目标的几何中心(如觇牌),且每次读数前,应使竖盘水准管气泡居中。

2)计算竖直角和指标差时应注意正、负号。

(5)记录计算表。竖直角观测记录计算表见表2.4。

表 2.4 竖直角观测记录计算表

测站	目标	竖盘位置	竖盘读数 /(° ′ ″)	半测回竖直角 /(° ′ ″)	指标差 /(″)	一测回竖直角 /(° ′ ″)	备注
1	2	3	4	5	6	7	8
O	A	左					
		右					
	B	左					
		右					

4. 提交成果

(1)实训结束时小组提交竖直角观测记录计算表。

(2)课后每人交实训报告1份。

任务 5　视距测量

1. 实训目的

(1)掌握经纬仪视距测量的观测、记录和计算方法。

(2)掌握视距测量不同操作方法的观测过程。

(3)熟悉视距测量的计算器操作,体验不同操作方法观测结果之间的差异。

2. 任务与要求

(1)选择一处地面较开阔(可略有起伏)的场地,并在实训场地选择一测站点 O,在测站点上安置好经纬仪(对中、整平)。立尺员将视距尺(标尺)分别立于待测点 A、B。对于初学者,为了便于观测,选取的 OA 及 OB 距离不宜过大,以 60~70 m 为宜。要求同一个点位用四种不同的操作方法进行观测,分别进行计算,并比较不同方法观测结果之间的差异。

(2)水平距离取位至 0.1 m,高差取位至 0.1 m(平地取位至 0.01 m);不同方法中水平距离差异不超过 0.1 m,高差差异不超过 0.1 m。

(3)为充分进行练习,要求每人均要独立完成上述观测与计算任务。

3. 项目实施

(1)实训方式及学时分配。

1)分小组进行,4~5 人一组,轮流操作各个环节。

2)学时数为 2 学时,可安排课内完成。

(2)仪器、工具及附件。

1)每组借领:DJ$_6$ 型经纬仪 1 台、三脚架 1 副、视距尺(水准尺)1 根、小钢卷尺 1 把。

2)自备:记录板 1 块、铅笔 1 支、计算器 1 个、测伞 1 把。

(3)实训步骤简述。

1)在测站点 O 安置仪器,对中、整平,量取仪器高 i(桩顶到仪器横轴中心的高度),假定测站点高程 H_O。

2)选择立尺点 A,竖立视距尺。

3)以经纬仪的盘左位置照准视距尺,采用不同的操作方法对同一根视距尺进行观测。对于天顶距式注记的经纬仪,在忽略指标差的情况下,盘左竖盘读数即天顶距。根据不同的仪器,竖盘读数前,或者打开竖盘指标补偿器开关,或者使竖盘指标水准管气泡居中。

①任意法。望远镜十字丝照准尺面,高度调至使三丝均能读数即可。

读取上丝读数、下丝读数、中丝读数 v、竖盘读数 L,分别记入记录表中。

计算:水平距离 $D=Kl\sin^2 Z$,高差 $h=D\div\tan Z+i-v$,高程 $H=H_O+h$。

②等仪器高法。望远镜照准视距尺,使中丝读数等于仪器高,即 $i=v$。

读取上丝读数、下丝读数、竖盘读数 L,分别记入记录表中。

计算:水平距离 $D=Kl\sin^2 Z$,高差 $h=D\div\tan Z$,高程 $H=H_O+h$。

③直读视距法。望远镜照准视距尺,调节望远镜高度,使下丝对准视距尺上整米读数,且三丝均能读数。

读取视距 KL、中丝读数 v、竖盘读数 L,分别记入记录表中。

计算:水平距离 $D=Kl\sin^2 Z$,高差 $h=D\div\tan Z+i-v$,高程 $H=H_O+h$。

④平截法(经纬仪水准法)。望远镜照准视距尺,调节望远镜高度,使竖盘读数 L 等于 90°。

读取上丝读数、下丝读数、中丝读数 v,分别记入记录表中。

计算:水平距离 $D=Kl$,高差 $h=i-v$,高程 $H=H_O+h$。

4)选择立尺点 B,竖立视距尺。重复第(3)步的操作和计算。

(4)实训中的注意事项。

1)视距测量只用盘左观测半个测回,所以视距测量观测前应对竖盘指标差进行检验校正,使指标差在±60″以内。

2)观测时视距尺应竖直并保持稳定。

3)用四种不同的方法观测时,立尺点位不要改变。

4)仪器高 i 量至厘米,竖盘读数 L 读至分。

5)对于有竖盘指标补偿器的仪器,装箱时应关闭其开关。

(5)记录计算表。视距测量记录计算表见表 2.5。

表 2.5 视距测量记录计算表

日　期:＿＿＿＿＿　　　小　组:＿＿＿＿＿　　　仪器号:＿＿＿＿＿

测站名称:＿＿＿＿＿　　测站高程:＿＿＿＿＿　　仪器高:＿＿＿＿＿

测点	读数/m		视距 KL /m	中丝 /m	竖盘读数 /(°　′　″)	水平距离 /m	高差 /m	高程 /m
	上丝	下丝						

4. 提交成果

(1)实训结束时小组提交视距测量记录计算表。

(2)课后每人交实训报告 1 份。

思考题

1. DJ_6 型光学经纬仪的构造组成部分有哪些?各起什么作用?
2. DJ_6 型光学经纬仪的操作使用方法、步骤是什么?操作使用时有哪些注意事项?
3. 采用盘左、盘右观测水平角的方法可消除哪些误差?
4. 什么是测回法?其与方向观测法有何区别?各适用于什么情况?
5. 观测水平角时,为什么要观测多个测回?若观测 3 个测回,则各测回的起始读数应为多少?
6. 视距测量时其距离测量的精度与钢尺量距、皮尺量距相比如何?
7. 竖直角观测与水平角观测的区别是什么?
8. 仪器高 i 是指何处至望远镜横轴的竖直距离?

项目实训效果考核与测量能力评价

表 2.6 水平角测量能力考核与评价表

班　级：　　　　　　　　组　别：　　　　　　　　考核教师：
控制点：　　　　　　　　日　期：　　　　　　　　使用仪器：
观测者：　　　　　　　　配合人员：

考核内容	考核指标	赋分	评价标准及要求	得分	备注
经纬仪的使用	操作方法是否正确、规范	10	操作合理规范，否则根据具体情况扣分		
	仪器安置及使用的熟练程度	15	对中误差不超过 1 mm，整平误差不超过 1 格，安置熟练，否则根据具体情况扣分		
	指标差较差	20	要求≤36″，超限不得分		
	记录、计算的正确完整程度	15	记录完整整洁、计算正确，否则扣分		
	操作时间	20	5 min 内满分；6～10 min 记 15 分；11～15 min 记 10 分；15 min 以上记 0 分		
	团结协作、沟通、分析问题、解决问题的能力等	10	由教师根据学生表现酌情打分		
	维护仪器、设备安全及文明、遵纪情况	10	实训态度端正，不玩手机，使用仪器维护到位，文明作业，无不安全事故发生，否则根据具体情况扣分		
考核结果与评价	考核评分合计				
	综合评价				

项目3　全站仪及GPS接收机使用实训

相关支撑知识

(1)全站仪的结构与功能。
(2)全站仪常规测量。
(3)灵锐S82 GPS接收机简介。
(4)灵锐S82主机介绍。

任务1　认识和操作全站仪

1. 实训目的

(1)认识全站仪的构造，掌握全站仪各部位操作螺旋的使用方法。
(2)掌握全站仪角度测量、距离测量和高差测量的按键操作方法。

2. 任务与要求

(1)经指导教师示范讲解后，完成以下任务：熟悉全站仪的构造组成，了解各组成部分的作用及各部位操作螺旋的使用方法，并进行实际操作练习；进行全站仪角度测量、距离测量及高差测量的按键操作练习。

(2)要求角度取位至$1''$，水平距离取位至0.001 m，高差取位至0.001 m。

3. 项目实施

(1)实训方式及学时分配。

1)分小组进行，4~5人一组，小组成员轮流操作。

2)学时数为2学时，可安排课内完成。

(2)仪器、工具及附件。

1)每组借领：全站仪1台套、反射棱镜2台套、小钢卷尺1把。

2)自备：记录板1块、铅笔1支、计算器1个、测伞1把。

(3)实训步骤简述。

1)在测站点上安置仪器，对中、整平，量取仪器高i(精确至mm)。

2)在待测点上安置反射棱镜，棱镜朝向全站仪，量取棱镜高(精确至mm)。

3)认识全站仪操作面板，学会全站仪各部位操作螺旋的使用方法。

4)全站仪开机(根据全站仪的型号决定是否在水平和竖直方向转动)，进入开机界面(一般设置为角度测量模式)。

5)全站仪盘左照准左侧棱镜中心,在角度测量模式下置零,进入距离测量模式测距,记录水平距离和高差,回到测角模式。

6)全站仪盘左照准右侧棱镜中心,记录水平度盘读数;进入距离测量模式测距,记录水平距离和高差,回到测角模式。

7)全站仪盘右照准右侧棱镜中心,记录水平度盘读数;进入距离测量模式测距,记录水平距离和高差,回到测角模式。

8)全站仪盘右照准左侧棱镜中心,记录水平度盘读数;进入距离测量模式测距,记录水平距离和高差,回到测角模式。

(4)实训中的注意事项。

1)一定要在学会全站仪的使用方法后才能开机操作。

2)全站仪价格高,一定要按规程操作,保证仪器安全。

3)实训以外的功能不要操作,尤其不要改变全站仪的设置。

4)量取仪器高和棱镜高时,直接从地面点量至相应的中心位置。

5)每次照准都要瞄准棱镜中心。

6)不得将望远镜直接照准太阳,否则会损坏仪器。小心轻放仪器,避免撞击与剧烈震动。

7)注意工作环境,避免沙尘侵袭仪器。在烈日、雨天、潮湿环境下作业时必须打伞。

8)取下电池时务必先关闭电源,否则会损坏内部线路。

9)仪器入箱时必须先取下电池,否则可能使仪器发生故障,或耗尽电池电能。

(5)记录计算表格。全站仪三要素测量记录表见表3.1。

表3.1 全站仪三要素测量记录表

日期_____   小组_____   仪器号_____

测站	测点	盘位	度盘读数 /(° ′ ″)	半测回角 /(° ′ ″)	一测回角 /(° ′ ″)	仪器高 棱镜高/m	水平距离 /m	平均距离 /m	高差 /m	地面高差 /m	平均高差 /m
		左									
		右									
		左									
		右									
		左									
		右									

续表

测站	测点	盘位	度盘读数 /(° ′ ″)	半测回角 /(° ′ ″)	一测回角 /(° ′ ″)	仪器高 棱镜高/m	水平距离 /m	平均距离 /m	高差 /m	地面高差 /m	平均高差 /m
		左									
		右									
		左									
		右									
		左									
		右									
		左									
		右									

4. 提交成果

(1)实训结束时小组提交全站仪三要素测量记录表。

(2)课后每人交实训报告1份。

任务2 GPS接收机的认识和使用

1. 实训目的

(1)了解灵锐S82 GPS接收机的构造组成。

(2)熟悉GPS接收机各部件的名称、功能和作用。

(3)掌握各部件的连接方法。

(4)初步掌握GPS接收机的使用方法。

(5)加深理解全球定位系统——GPS的概念。

2. 任务与要求

(1)认识GPS接收机的各个部件。

(2)掌握GPS接收机各个部件之间的连接方法。

(3)熟悉 GPS 接收机前面板各个按键的功能。

(4)熟悉 GPS 接收机后面板各个接口的作用。

3. 项目实施

(1)实训方式及学时分配。

1)分小组进行，4~5 人一组，轮流进行操作。

2)学时数为 2 学时，可安排课内完成。

(2)仪器、工具及附件。

1)每组借领：GPS 接收机 1 台、电池 1 块、三脚架 1 副、基座 1 个(含轴心)、天线 1 个、2 m 钢卷尺 1 把。

2)自备：记录板 1 块、铅笔 1 支、计算器 1 个、测伞 1 把。

(3)实训步骤简述。

1)指导教师介绍灵锐 S82 GPS 接收机的概况。

2)认识并熟悉 GPS 接收机的各部件。

3)安置 GPS 接收机。

将三脚架张开，架头大致水平，高度适中，使之脚架稳定(踩紧)，然后用连接螺旋将 GPS 接收机连同底座固定在三脚架上，使底座对中、整平。按要求将可充电的镍电池与 GPS 接收机连接。

4)量取天线高。在每时段观测前、后各量取天线高一次，精确至毫米。采用倾斜测量方法，从三脚架互成 120°的三个空挡测量天线挂钩至中心标志面的距离，互差小于 3 mm，取平均值。

5)根据作业计划，在规定的时间内开机。做好测站记录，以方便今后处理，它们分别是：天线高；观测时段，即开、关机时间；接收机系列号；天线类型；日期；接收机类型；量度方式。

6)观察三个指示灯在整个观测过程中的变化情况。

7)接收时间的规定。按快速静态的要求，3 台 GPS 接收机的红、黄灯交替闪亮时可同时关机，为一个时段。

(4)实训中的注意事项。

1)一定要对中、整平，圆气泡必须严格居中。

2)天线的定向标志可以不指向正北方向，但在整个控制网中各点处的定向标志指向必须一致。

3)GPS 接收机是目前技术先进、价格高的测量型 GPS 接收设备，在安置和使用时必须严格遵守操作规程，注意爱护仪器。

4)使用时仪器应注意防潮、防晒。

5)GPS 接收机后面板的电源接口具有方向性，接电缆线时注意红点对红点拔插，千万不能旋转插头。

(5)记录计算表。GPS 数据采集记录表见表 3.2。

表 3.2　　_____工程 GPS 数据采集记录表

观测者姓名_____	日　期___年___月___日
测　站　名_____　　　　　测站号_____　　时段_____	
天 气 状 况_____	

测站近似坐标： 经度：E_____°_____' 纬度：N_____°_____' 高程：_____(m)	本测站为： □_____新点 □_____等大地点 □_____等水准点 □_____

记录时间：□北京时间　　□UTC　　□区时
开录时间_____　　结束时间_____

接收机号_____　　天线号_____
天线高：(m)　　　　　测后校核值_____
1._____　2._____　3._____　平均值_____
天线高量取方式略图　　　　　　　　测站略图及障碍物情况

观测状况记录
1. 电池电压_____(块条)
2. 接收卫星号_____
3. 信噪比(SNR)_____
4. 故障情况_____
5. 备注

4. 提交成果

(1)实训结束时小组提交 GPS 数据采集记录表。

(2)课后每人交实训报告 1 份。

思 考 题

1. 全站仪的组成及各部分的作用是什么？
2. 利用全站仪进行坐标和高程测量的步骤是什么？

3. 使用全站仪时应注意哪些事项?
4. 灵锐 S82 GPS 接收机主机的主要构成部分有哪些?
5. 灵锐 S82 GPS 接收机主机的指示灯和按键的功能是什么?

项目实训效果考核与测量能力评价

表 3.3　全站仪坐标测量能力考核与评价表

班　级：　　　　　　　　　组　别：　　　　　　　　　考核教师：
控制点：　　　　　　　　　日　期：　　　　　　　　　使用仪器：
观测者：　　　　　　　　　配合人员：

考核内容	考核指标	赋分	评价标准及要求	得分	备注
全站仪操作使用	操作方法是否正确、规范	10	操作合理规范，否则根据具体情况扣分		
	仪器安置精度及使用的熟练程度	15	对中误差不超过 1 mm，整平误差不超过 1 格，仪器操作熟练，否则根据具体情况扣分		
	坐标测量精度	20	精度符合要求(≤5 mm)，否则根据具体情况扣分		
	读数、记录的正确完整程度	15	读数和记录正确、规范、完整整洁，否则扣分		
	操作时间	20	5 min 内满分；6~10 min 记 15 分；11~15 min 记 10 分；15 min 以上记 0 分		
	团结协作、沟通、分析问题、解决问题的能力等	10	由教师根据学生表现酌情打分		
	维护仪器、设备安全及文明、遵纪情况	10	实训态度端正，不玩手机，使用仪器维护到位，文明作业，无不安全事故发生，否则根据具体情况扣分		
考核结果与评价	考核评分合计				
	综合评价				

项目 4　图根控制测量

相关支撑知识

(1)闭合导线角度闭合差的计算与调整。
(2)坐标正算的基本公式。
(3)全站仪的结构与功能。
(4)全站仪导线测量。

任务 1　经纬仪导线测量

1. 实训目的

(1)学会在地面上用经纬仪标定直线及用普通钢尺精密量距的方法。
(2)学会导线外业的基本测量工作。
(3)学会用罗盘仪测定直线的磁方位角。
(4)熟练掌握导线坐标计算的方法。

2. 任务与要求

(1)每组在实训场地上选定 4~5 个导线点，使导线点之间较平坦、相距 70 m 左右的距离，构成一多边线的闭合导线，打入小铁钉（或油漆涂绘标记）。使用经纬仪测角，并用钢尺精密量距。

(2)用罗盘仪测定起始直线的磁方位角，并根据当地磁偏角值（如某地磁偏角为西偏 2°25′）推算起始边方位角，并假定起始点的坐标作为起算数据。每个人均要进行导线坐标计算。

(3)技术要求：直线丈量相对误差要小于 1/2 000；用经纬仪观测水平角时，每个角度用测回法观测一测回，半测回间限差为 40″，要观测闭合多边形内角，闭合差限差为 $\pm 60''\sqrt{n}$。

3. 项目实施

(1)实训方式及学时分配。
1)分小组进行，4~5 人一组。小组成员互相配合，轮流操作各环节。
2)学时数为 4 学时，可安排课内或部分业余时间完成。
(2)仪器、工具及附件。

1)每组借领:经纬仪1台、三脚架1副、50 m钢尺1把、测钎2根、水泥钉6个、钉锤1把。

2)自备:记录板1块、铅笔1支、计算器1个、测伞1把。

(3)实训步骤简述。

1)指导教师讲解本次实训的内容和方法。

2)在实训场地上踏勘,选4~5个点,并打入小铁钉(或油漆绘标记),建立标志,构成一闭合导线。

3)进行直线定线。为了精密丈量直线AB的距离,首先清除直线上的障碍物,然后安置经纬仪于A点,瞄准B点,用经纬仪进行定线。用钢尺进行概量,在视线上依次定出此钢尺一整尺略短的$A1$、12、23……等尺段。在各尺段端点用粉笔绘标记。

4)丈量距离。用检定过的钢尺丈量相邻两点之间的距离。一般2人拉尺,1~2人读数,1人指挥兼记录。丈量时,拉伸钢尺置于相邻两点,并使钢尺有刻划线的一侧贴近标志,拉平、拉紧、拉直。两端的读尺员同时根据点位读取读数,估读到0.1 mm记入表中。每尺段要移动钢尺位置丈量三次,三次测得的结果的较差视不同要求而定,一般不得超过5 mm,否则要重新测量。若在限差以内,则取三次结果的平均值作为此尺段的往测观测成果。本次实训不考虑三项改正问题,每个尺段相加即总边长。每个边应往返丈量。在记录表中进行成果整理和精度计算。如果丈量成果超限,要分析原因并重新测量,直至符合要求为止。

5)用经纬仪观测水平角时,要观测闭合多边形内角,各用测回法测一测回、半测回,限差及闭合差限差应满足要求。

6)应用罗盘仪施测导线起始边的磁方位角,并假定起始点的坐标作为起算数据。

7)全面、认真检查导线测量的外业记录,看数据是否齐全、正确,成果精度是否符合要求,起算数据是否准确,然后绘制导线略图,并将各项数据标注在图上的相应位置。

8)将已知的起算数据和外业的观测数据填入导线坐标计算表中,据此进行误差调整及各导线点的平面坐标的计算。

(4)实训中的注意事项。

1)本次实训内容多,各组同学要互相配合,以保证实训顺畅。

2)借领的仪器、工具在实训中要妥善保管,防止丢失。

3)实地选点时应注意使相邻点间通视良好,地势平坦,以方便测角和量距;将点位选在土质坚实处,以便于安置仪器和保存标志;导线各边长应大致相等,相邻边长的长度尽量不要相差太大。

4)钢尺切勿扭折或在地上拖拉。钢尺用后要用油布擦净,然后卷入盒中。

5)在进行导线坐标计算时注意进行各步的计算检核。

(5)记录计算表。经纬仪导线测量外业记录表见表4.1;钢尺尺段量距记录表见表4.2;经纬仪导线坐标计算表见表4.3。

表 4.1　经纬仪导线测量外业记录表

日期：＿＿年＿＿月＿＿日　　　　天气：＿＿＿＿　　　　　　观测者：＿＿＿＿

仪器号码：＿＿＿＿　　　　　　　　　　　　　　　　　　　　记录者：＿＿＿＿

测　站	目　标	竖盘位置	读数 /(° ′ ″)	角　值 /(° ′ ″)	平均角值 /(° ′ ″)	备　注
		左				
		右				
		左				
		右				
		左				
		右				
		左				
		右				

表 4.2　钢尺尺段量距记录表

日期：＿＿年＿＿月＿＿日　　　　天气：＿＿＿＿　　　　　　立尺员：＿＿＿＿

钢尺号码：＿＿＿＿　　　　　　　整尺长：＿＿＿＿　　　　　记录员：＿＿＿＿

测段		往测				返测			
起点	终点	后尺读数 /m	前尺读数 /m	测段长 /m	平均值 /m	后尺读数 /m	前尺读数 /m	测段长 /m	平均值 /m

表 4.3　经纬仪导线坐标计算表

点名	改正数观测角值 /(° ′ ″)	改正后角值 /(° ′ ″)	方位角 /(° ′ ″)	边长 /m	增量计算值/m		坐标/m	
					Δx	Δy	x	y
Σ								

辅助计算：$f_\beta=$　　　　　　　　$f_x=$　　　　　　$f_y=$
　　　　　$f_{\beta容}=\pm 60''\sqrt{n}$　　　　$f_D=$　　　　　　$K_D=$

4. 提交成果

(1)实训结束时小组提交测角、量距的观测记录表。

(2)课后每人交实训报告1份。

任务2　全站仪导线测量

1. 实训目的

(1)掌握全站仪各部位的操作使用方法。

(2)掌握全站仪导线的外业选点、布网、观测、内业数据平差计算的方法。

2. 任务与要求

(1)经指导教师示范讲解后，完成以下任务：进一步熟悉全站仪的构造组成及操作使用方法；进行全站仪导线的外业选点、布网、观测、内业数据平差计算的操作练习。

(2)要求角度取位至1″，水平距离取位至0.001 m，高差取位至0.001 m。

3. 项目实施

(1)实训方式及学时分配。

1)分小组进行，4～5人一组，小组成员轮流操作。

2)学时数为2学时，可安排课内完成。

(2)仪器、工具及附件。

1)每组借领：全站仪1台套、反射棱镜2台套、小钢卷尺1把。

2)自备：记录本、记录板1块、铅笔1支、计算器1个、测伞1把。

(3)实训步骤简述。

1)导线外业选点布网。外业导线可根据需要布设成如下形式：附合导线，如图4.1(a)所示；闭合导线，如图4.1(b)所示；支导线，如图4.1(c)所示；导线网，如图4.1(d)所示。导线点数目为4～6个。

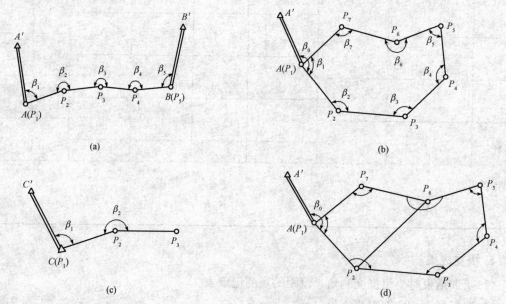

图4.1　导线布设形式示意
(a)附合导线；(b)闭合导线；(c)支导线；(d)导线网

2)导线测量。

①测边。导线的边长采用全站仪双向施测，每个单向施测一测回，即盘左、盘右分别进行观测，读数较差和往返测较差均不宜超过20 mm。测边应进行气象改正。

②测角。水平角施测一测回，测角中误差不宜超过20″。

③高程测量。每边的高差采用全站仪往返观测，每个单向施测一测回，即盘左、盘右分别进行观测，盘左、盘右和往返测高差较差均不宜超过0.02D m。D为边长，单位为km，300 m以内按300 m计算。

④精度要求。全站仪导线测量角度闭合差不大于$\pm 60''\sqrt{n}$(n为测站数)，导线相对闭合差不大于1/2 500，高差闭合差不大于$\pm 40\sqrt{D}$ mm(D为边长，单位为km)。

使用全站仪按照测回法或方向观测法测量导线的转折角和导线边长,若采用两测回观测,通常左角和右角各测一个测回。将数据填入记录表中。

3)导线网平差数据处理。使用平差软件进行导线网平差数据处理,如使用南方测绘平差易软件(PA 系列)进行平差,如图 4.2 所示。属性为 10 的点是已知点,属性为 00 的点是待定点。

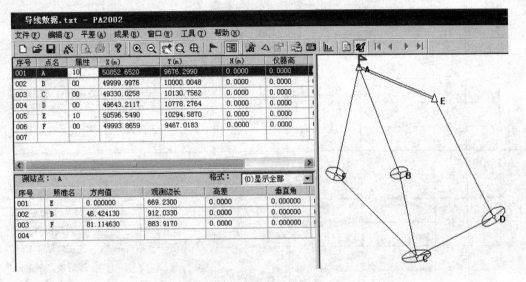

图 4.2　导线网平差示例

(4)实训中的注意事项。
1)导线起算数据由指导教师给定。
2)用平差易软件进行导线网平差时应注意方向值的输入顺序。
3)使用仪器时应注意防潮、防晒。
(5)记录计算表。导线外业观测记录手簿见表 4.4。

表 4.4　导线外业观测记录手簿

测站	目标	盘位	水平盘读数 /(° ′ ″)	半测回角值 /(° ′ ″)	一测回角值 /(° ′ ″)	测回平均值 /(° ′ ″)	平距 /m	备注
		左						
		右						测站仪器高 $i=$ 后视棱镜高 $v=$ 前视棱镜高 $V=$ 至后视点平距= 至前视点平距=
		左						
		右						

续表

测站	目标	盘位	水平盘读数 /(° ′ ″)	半测回角值 /(° ′ ″)	一测回角值 /(° ′ ″)	测回平均值 /(° ′ ″)	平距 /m	备注
		左						
		右						测站仪器高 $i=$ 后视棱镜高 $v=$ 前视棱镜高 $V=$ 至后视点平距= 至前视点平距=
		左						
		右						
		左						
		右						测站仪器高 $i=$ 后视棱镜高 $v=$ 前视棱镜高 $V=$ 至后视点平距= 至前视点平距=
		左						
		右						
		左						
		右						测站仪器高 $i=$ 后视棱镜高 $v=$ 前视棱镜高 $V=$ 至后视点平距= 至前视点平距=
		左						
		右						

4. 提交成果

(1)实训结束时小组提交观测记录手簿。

(2)课后每人交实训报告1份。

> 思考题

1. 经纬仪导线测量的外业和内业工作各包括哪些内容?

2. 说明进行误差调整及各导线点的平面坐标计算的方法和步骤。
3. 导线有哪几种布设形式?
4. 导线测量有哪些精度要求?
5. 经纬仪导线测量和全站仪导线测量的异同点有哪些?

项目实训效果考核与测量能力评价

表 4.5　水平角测量能力考核与评价表

班　级:　　　　　　　　组别:　　　　　　　　考核教师:
控制点:　　　　　　　　日期:　　　　　　　　使用仪器:
观测者:　　　　　　　　配合人员:

考核内容	考核指标	赋分	评价标准及要求	得分	备注
经纬仪操作使用	操作方法是否正确、规范	10	操作合理规范,否则根据具体情况扣分		
	仪器安置及使用的熟练程度	15	对中误差不超过1 mm,整平误差不超过1格,安置熟练,否则根据具体情况扣分		
	指标差较差	20	要求≤36″,超限不得分		
	记录、计算的正确完整程度	15	记录完整整洁、计算正确,否则扣分		
	操作时间	20	5 min内满分;6~10 min记15分;11~15 min记10分;15 min以上记0分		
	团结协作、沟通、分析问题、解决问题的能力等	10	由教师根据学生表现酌情打分		
	维护仪器、设备安全及文明、遵纪情况	10	实训态度端正,不玩手机,使用仪器维护到位,文明作业,无不安全事故发生,否则根据具体情况扣分		
考核结果与评价	考核评分合计				
	综合评价				

表 4.6　全站仪坐标测量能力考核与评价表

班　级:　　　　　　　　组别:　　　　　　　　考核教师:
控制点:　　　　　　　　日期:　　　　　　　　使用仪器:
观测者:　　　　　　　　配合人员:

考核内容	考核指标	赋分	评价标准及要求	得分	备注
全站仪操作使用	操作方法是否正确、规范	10	操作合理规范,否则根据具体情况扣分		

续表

考核内容	考核指标	赋分	评价标准及要求	得分	备注
全站仪操作使用	仪器安置精度及使用的熟练程度	15	对中误差不超过 1 mm，整平误差不超过 1 格，仪器操作熟练，否则根据具体情况扣分		
	坐标测量精度	20	精度符合要求（≤5 mm），否则根据具体情况扣分		
	读数、记录的正确完整程度	15	读数和记录正确、规范、完整整洁，否则扣分		
	操作时间	20	5 min 内满分；6~10 min 记 15 分；11~15 min 记 10 分；15 min 以上记 0 分		
	团结协作、沟通、分析问题、解决问题的能力等	10	由教师根据学生表现酌情打分		
	维护仪器、设备安全及文明、遵纪情况	10	实训态度端正，不玩手机，使用仪器维护到位，文明作业，无不安全事故发生，否则根据具体情况扣分		
考核结果与评价	考核评分合计				
	综合评价				

项目5　大比例尺地形图的测绘与使用实训

相关支撑知识

(1)经纬仪测图。
(2)全站仪数字化测图。
(3)水平场地平整及土石方量的计算。

任务1　用经纬仪测绘法测地形图

1. 实训目的

(1)掌握用经纬仪测绘法测地形图的方法和步骤。
(2)掌握用经纬仪测绘法测地形图的记录与计算方法,熟悉计算器的使用。
(3)掌握用经纬仪测绘法测地形图时展点与绘图的方法。

2. 任务与要求

在校园中选择部分校区用经纬仪测绘法测地形图。要求如下:
(1)地面上若无已知控制点,采用假定的三维坐标系统。
(2)每观测完一点立即进行计算并展点,边测边绘。
(3)水平距离、坐标增量、坐标取位至 0.1 m,高差、高程取位至 0.1 m(平地取位至 0.01 m)。

3. 项目实施

(1)实训方式及学时分配。
1)分小组进行,4～5 人一组,小组成员互相配合,轮流操作各环节。
2)学时数为 4 学时,可安排课内或部分业余时间完成。
(2)仪器、工具及附件。
1)每组借领:DJ_6 型经纬仪 1 台、三脚架 1 副、图板 1 块、展点工具 1 套(①量角器、三棱尺、小针;②坐标展点器)、视距尺(水准尺)1 根、小钢卷尺 1 把。
2)自备:记录板 1 块、铅笔 1 支、计算器 1 个、测伞 1 把。
(3)实训步骤简述。
1)在测站点上安置仪器,对中、整平,量取仪器高 i(精确至 cm),假定测站点三维坐标。若采用坐标展点器展点,还需根据后视方向假定方位角。

2)安置图板。

①用量角器配合三棱尺展点。将图板安置在测站点附近,在图板上确定测站点位置,画上起始方向线,将小针通过量角器的小孔钉在测站点上,使量角器能按小针自由旋转。

②用坐标展点器展点。将图板安置在测站点附近,确定图廓西南角坐标,再确定每条格网线的坐标。

3)定向点竖立觇标。

4)经纬仪定向。

①用量角器配合三棱尺展点。经纬仪盘左照准觇标底部,配盘,使水平度盘读数为 $0°00'00''$。

②用坐标展点器展点。经纬仪盘左照准觇标底部,配盘,使水平度盘读数为后视方向的方位角。

5)在待测的地形点上竖立视距尺,经纬仪照准视距尺,采用视距测量的任何一种方法进行观测,并读取水平度盘读数。

视测量的方法有任意法、等仪器高法、直读视距法、平截法(经纬仪水准法)。

6)计算。

①用量角器配合三棱尺展点。根据不同的观测方法,按视距测量计算水平距离和高差,再计算高程。

②用坐标展点器展点。根据不同的观测方法,按视距测量计算水平距离和高差,再计算坐标增量、坐标和高程。水平度盘读数就是照准方向的方位角。

$$\Delta x = D\cos\alpha, \quad \Delta y = D\sin\alpha,$$
$$x_{碎} = x_{站} + \Delta x, \quad y_{碎} = y_{站} + \Delta y, \quad H_{碎} = H_{站} + h.$$

7)展点。

①用量角器配合三棱尺展点。根据水平距离和水平角(水平度盘读数),将碎部点展绘在图纸上,并在点位右侧注记高程。

②用坐标展点器展点。首先确定碎部点所在方格西南角坐标,然后计算碎部点与它所在方格西南角坐标差,根据坐标差,将碎部点展绘在图纸上,并在点位右侧注记高程。

8)将地物点按地物形状连接起来,根据地貌点勾绘等高线。

(4)实训中的注意事项。

1)经纬仪测绘法只用盘左观测,所以实训所用经纬仪,事先应进行检验校正,使竖盘指标差 $\leqslant 1'$。

2)根据不同的展点方法,选择不同的定向方法、观测方法、计算方法。

3)边测边算边绘。

4)每观测若干点后进行定向检查,定向误差 $\leqslant 4'$。

(5)记录计算表。

1)用量角器配合三棱尺展点。经纬仪测绘法记录计算表见表5.1。

表 5.1 经纬仪测绘法记录计算表

日期：_____ 小组：_____ 仪器号：_____
测站点：_____ 后视点：_____ 测站高程：_____ 仪器高：_____

测点	读数		视距 /m	中丝 /m	水平度盘读数 /(° ′ ″)	竖盘读数 /(° ′ ″)	水平距离 /m	高差 /m	高程 /m
	上丝 /m	下丝 /m							

2)用坐标展点器展点。经纬仪测绘法记录计算表见表 5.2。

表 5.2 经纬仪测绘法记录计算表

日期：_____ 小组：_____ 仪器号：_____
测站点：_____ 后视点：_____ 后视方位角：_____ 仪器高：_____
测站点纵坐标：_____ 测站点横坐标：_____ 测站点高程：_____

测点	上丝/m	下丝/m	视距/m	中丝/m	水平度盘读数/(° ′ ″)	竖盘读数/(° ′ ″)	水平距离/m	高差/m	坐标增量		坐标		高程/m
									Δx/m	Δy/m	X/m	Y/m	

4. 提交成果

（1）实训结束时小组提交经纬仪测绘法记录计算表。

（2）课后每人交实训报告 1 份。

任务 2　全站仪野外数字测图的数据采集

1. 实训目的

(1)掌握利用全站仪进行野外数字测图的测站设置、后视定向和定向检查的方法。

(2)掌握利用全站仪进行野外数字测图的碎部测量、数据存储和数据传输的方法。

2. 任务与要求

每实训小组完成一定范围内(如校园内的某个楼房周围)的地形图数据采集工作,设 4～5 站,每人观测一测站。

3. 项目实施

(1)实训方式及学时分配。

1)分小组进行,每小组由 4～5 人组成,分工协作;1～2 人操作仪器,1 人记录,1 人跑镜。

2)学时数为 4 学时,可安排课内或部分业余时间完成。

(2)仪器、工具及附件。

1)每组借领:全站仪 1 台、三脚架 1 副、反光棱镜 1 个、棱镜杆 1 个。

2)自备:记录板 1 块、铅笔 1 支、计算器 1 个、测伞 1 把、草图纸若干。

(3)实训步骤简述。

常用全站仪的数据采集步骤如下:

1)安置仪器。在测站点上安置仪器,包括对中和整平。将对中误差控制在 3 mm 之内。

2)建立或选择工作文件。工作文件是存储当前测量数据的文件,文件名要简洁、易懂、便于区分不同时间或地点的数据,一般可用测量时的日期作为工作文件的文件名。

3)测站设置。如果仪器中有测站点坐标,可通过从文件中选择测站点点号来设置测站。如果仪器中没有测站点,则需手工输入测站点坐标来设置测站。

4)后视定向。从仪器中调入或手工输入后视点坐标,也可直接输入后视方位角,然后照准后视点,按确认键进行定向。

5)定向检查。定向检查是碎部点采集之前的重要工作,特别是对于初学者。在定向工作完成之后,再找一个控制点在其上立棱镜,将测出来的坐标和已知坐标比较,通常 X、Y 坐标差都应该在 1 cm 之内。通常要求每一测站开始观测和结束观测时都应作定向检查,确保数据无误。

6)碎部测量。定向检查结束之后,就可以进行碎部测量。采集碎部点前先输入点号,碎部测量可用草图法和编码法两种,草图法需要外业绘制草图,内业按照草图成图。编码法需要对各个碎部点输入编码,内业通过编码识别自动成图。

拓普康 GTS 2000 系列仪器数据采集步骤如下:

1)按 MENU 键进入程序界面。

2)按 F1 键进入数据采集程序。

3)新建文件或选择一个已有文件。

4)进入"数据采集 1/2"界面,进行数据采集设置。

①按 F1(测站点输入)键进入测站点设置界面,输入测站点点号、坐标及仪器高。

②按 F2(后视)键进入后视方向设定界面,通过输入后视点的点号及坐标进入后视定向,之后瞄准目标,通过测量后视点坐标来检查后视点并完成后视定向,返回数据采集界面。

③按 F3(侧视/前视)键进入碎部测量界面。

5)采集数据。在碎部测量界面输入测站点点号、镜高,瞄准目标,按 F3(测量)键观测,等待屏幕上显示观测结果,结果正确,按 F3(是)键,保存观测数据(测点 X,Y,Z),并返回碎部测量界面。重复本过程,完成本测站上其他碎部点的观测、记录。

6)在各个细部点上立棱镜,完成数据采集工作,返回初始界面并关机。

南方 NTS-352 仪器数据采集步骤如下:

1)按 MENU(菜单)键进入"菜单 1/3"界面。

2)按 F1 键(数据采集)进入数据采集界面。

3)建立或选择文件。输入一个新文件名或选择一个已有的文件名。

4)输入测站点。按 F1 键(设置测站)进入测站点设置界面,输入测站点名、坐标(X、Y、H 或 N、E、Z)及仪器高,按 F4 键返回测站点设置界面。

5)输入后视点。按 F2 键进入后视点设置界面,通过人工输入角度或坐标的方式完成后视定向,按 F3 键返回测站点设置界面。

6)开始测量。按 F3 键进入测量作业界面,输入碎部点点号、棱镜高,瞄准目标,按 F3 键完成目标点的观测和记录。重复本过程,完成本测站上其他碎部点的观测、记录。

7)在各个细部点上立棱镜,完成数据采集工作,返回初始界面并关机。

全站仪数据传输:

1)全站仪操作(拓普康 GTS 2000 系列仪器):

①连接数据线;

②开机;

③按 MENU 键进入程序菜单;

④按 F3 键进入存储管理界面;

⑤按 F4 键两次进入存储管理界面;

⑥按 F1(数据通信)键进入数据传输界面;

⑦按 F3 键进行通信参数设置;

⑧按 F1 键发送数据;

⑨按 F1~F3 键选择发送数据类型;

⑩选择发送文件。

2)计算机上操作。

①打开计算机,进入 CASS 绘图界面;

②选择"数据"下拉菜单中的"读取全站仪数据"菜单项;

③设定计算机中的通信参数;

④输入传输数据文件名；

⑤单击转换；

⑥在计算机上按回车键；

⑦在全站仪上按回车键，开始传输数据。

(4)实训中的注意事项。

1)全站仪价格较高，一定要按规程操作，保证仪器安全。

2)实训以外的功能不要操作，尤其不要改变全站仪的设置。

3)实训过程中仪器及反光镜要有人守候。切忌用手触摸反光镜及仪器的玻璃表面。

4)安置仪器时，必须在确保上紧脚架上的连接螺旋后才可将固定仪器的手放开，以防止仪器从脚架上摔落。

5)每次照准都要瞄准棱镜中心。

6)不得将望远镜直接照准太阳，否则会损坏仪器。小心轻放，避免撞击与剧烈振动。

7)注意工作环境，避免沙尘侵袭仪器。在烈日、雨天、潮湿环境下作业时必须打伞。

8)取下电池时务必先关闭电源，否则会损坏内部线路。

9)仪器入箱时必须先取下电池，否则可能会使仪器发生故障，或耗尽电池电能。

10)在实习操作过程中，按按钮及按键时动作要轻，用力不可过大过猛。

11)气压计、温度计应放置在通风阴凉的地方，不得暴露在阳光下。

4. 提交成果

(1)小组提交外业观测数据成果(DAT)文件一份。

(2)每人交实训报告1份。

任务3 水平场地平整的土石方数量测算

1. 实训目的

掌握水平场地平整的土石方数量的测算方法。

2. 任务与要求

(1)将某一建筑区内的倾斜场地改造成水平场地，要求按挖、填土方量基本平衡的原则，计算出设计平面高程和挖、填土方量。

(2)在倾斜场地中，可用皮尺和经纬仪按10 m的边长在地面上定出一矩形方格网，方格数以9～12个为宜，在各方格网点上打上木桩，写上编号，并按比例绘制一方格网图。

3. 项目实施

(1)实训方式及学时分配。

1)分小组进行，4～5人一组，小组成员互相配合，轮流操作各环节。

2)学时数为2学时，可安排课内完成。

(2)仪器、工具及附件。

1)每组借领:DS₃型水准仪1台、经纬仪1台、三脚架1副、标尺1根、皮尺1把、木桩若干。

2)自备:记录板1块、铅笔1支、计算器1个、三角板1个、橡皮1块、测伞1把。

(3)实训步骤简述。

1)选择一块倾斜的场地,用皮尺和经纬仪按10 m的边长在地面上定出一矩形方格网,方格数以9~12个为宜,在各方格网点上打上木桩,写上编号,并按比例绘制一方格网图。

2)确定各方格网点地面高程。用水准仪根据已知水准点按视线高法测出各方格顶点的高程,并注记在相应方格顶点的右上方。

3)计算设计平面高程。根据方格顶点的高程分别计算各方格的平均高程,再把每个方格的平均高程相加除以方格总数 n,就可得到拟建场地的设计平面高程 H_0,也可按式(5.1)直接计算出设计高程 H_0,并将设计高程注记在方格点的右下方。

$$H_0 = \frac{\sum H_角 + 2\sum H_边 + 3\sum H_拐 + 4\sum H_中}{4n} \qquad (5.1)$$

4)计算填、挖高度。每一方格顶点的填、挖高度为地面高程与设计高程之差,将各方格顶点的填、挖高度注于相应方格顶点的左上方。"+"号为挖深,"—"号为填高。

5)确定填挖边界线。在方格网图的方格边上用目估内插法定出设计高程为 H_0 的高程点,即填、挖边界点,连接相邻零点的曲线即填、挖边界线。

6)计算填、挖土方量。挖、填土方量可按角点、边点、拐点和中点分别按下式计算:

$$角点:填(挖)高度 \times \frac{1}{4} 方格面积$$

$$边点:填(挖)高度 \times \frac{2}{4} 方格面积$$

$$拐点:填(挖)高度 \times \frac{3}{4} 方格面积$$

$$中点:填(挖)高度 \times 1\ 方格面积$$

方格边长为10 m,则每小方格实地面积为100 m²,根据上述公式,分别计算角点、边点、中点、拐点上的挖方量或填方量,最后累计算出总挖方量和总填方量。

(4)实训中的注意事项。

1)测定方格网点高程时按照等外水准测量的精度要求进行。

2)计算时高程取位至cm。

(5)记录计算表。挖、填土方记录计算表见表5.3。

表5.3 挖、填土方记录计算表

点号	挖深/m	填高/m	所占面积/m²	挖方量/m³	填方量/m³

4. 提交成果

(1)实训结束时小组提交地面标记水准点和方格点、方格网图及挖、填土方记录计算表。

(2)课后每人交实训报告1份。

思考题

1. 经纬仪测绘法的观测步骤有哪些？
2. 如何选定地貌特征点和地物特征点？
3. 使用拓普康 GTS 2000 全站仪进行外业数据采集的流程是什么？
4. 计算设计平面高程的方法有哪几种？
5. 如何确定填、挖边界线？

项目实训效果考核与测量能力评价

表 5.4　地形图测绘能力考核与评价表

班级：　　　　　　　　　组别：　　　　　　　　　考核教师：
控制点：　　　　　　　　日期：　　　　　　　　　使用仪器：
观测者：　　　　　　　　配合人员：

考核内容	考核指标	赋分	评价标准及要求	得分	备注
地形图测绘能力	操作方法是否正确、规范	10	熟悉地形图测绘流程，操作合理规范，否则根据具体情况扣分		
	地形图的准确程度	15	现场检测地形图中的数据，误差在限差之内(地形图上地物点相对于邻近图根控制点的点位中误差不大于图上 0.6 mm)，否则根据具体情况扣分		
	地形图的完整程度	15	制定范围内的地形图测绘要完整，没有遗漏，否则根据具体情况扣分		
	地形图表达的合理性	10	地形图表达合理、正确，符合最新图式规范要求，否则根据情况酌情扣分		
	时间	20	小于7 h记20分；7~8 h记18分；8~9 h记16分；9~10 h记14分；10 h以上教师根据情况记0~12分		
	所测地形图的难度	10	按所测地形图进行难度分级，老师根据具体情况评分		

续表

考核内容	考核指标	赋分	评价标准及要求	得分	备注
地形图测绘能力	团结协作、沟通、分析问题、解决问题的能力等	10	由教师根据学生表现酌情打分		
	维护仪器、设备安全及文明、遵纪情况	10	实训态度端正,不玩手机,使用仪器维护到位,文明作业,无不安全事故发生,否则根据具体情况扣分		
考核结果与评价	考核评分合计				
	综合评价				

表 5.5 地形图应用能力考核与评价表

班　级：　　　　　　　　　组别：　　　　　　　　　考核教师：
控制点：　　　　　　　　　日期：　　　　　　　　　使用仪器：
观测者：　　　　　　　　　配合人员：

考核内容	考核指标	赋分	评价标准及要求	得分	备注
地形图应用能力	操作方法是否正确、规范	10	能正确识读地形图,计算过程合理规范,否则根据具体情况扣分		
	计算过程的完整程度	20	计算过程完整,否则根据具体情况扣分		
	数据的清晰正确程度	30	计算数据清晰、正确,否则根据具体情况扣分		
	时间	20	在 60 min 内完成满分；超过 60 min 酌情扣分		
	团结协作、沟通、分析问题、解决问题的能力等	10	由教师根据学生表现酌情打分		
	维护仪器、设备安全及文明、遵纪情况	10	实训态度端正,不玩手机,使用仪器维护到位,文明作业,无不安全事故发生,否则根据具体情况扣分		
考核结果与评价	考核评分合计				
	综合评价				

项目6 施工测量的基本测设工作实训

相关支撑知识

(1)测设的基本工作。
(2)测设点位的基本方法。
(3)坡度线的测设。
(4)全站仪的操作使用方法。
(5)全站仪点位测设的外业施测方法及注意事项。

任务1 用经纬仪极坐标法测设点位

1. 实训目的

(1)掌握已知水平角、已知水平距离的测设方法。
(2)掌握用极坐标法测设点的平面位置的方法。

2. 任务与要求

(1)如图6.1所示,设F、G为施工现场的平面控制点,其坐标值为($x_F=355.701$ m, $y_F=234.400$ m)、($x_G=367.320$ m, $y_G=314.500$ m)。R、S为建筑物主轴线端点,其设计坐标值为($x_R=375.000$ m, $y_R=250.361$ m)、($x_S=381.000$ m, $y_S=310.000$ m)。用极坐标法测设R、S点的平面位置。

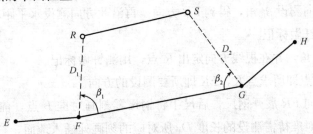

图6.1 用极坐标法测设点位

(2)检核要求:测设出的R、S之间的距离,与设计长度相比较,相对精度在1/3 000以上合格,否则应重新测设。
(3)要求每个同学都能计算测设数据,掌握测设方法。

3. 项目实施

(1)实训方式及学时分配。

1)分小组进行，4～5人一组，小组成员互相配合，轮流操作各环节。

2)学时数为2学时，可安排课内完成。

(2)仪器、工具及附件。

1)每组借领：经纬仪1台、三脚架1副、30 m钢尺1把、40 mm×40 mm×300 mm的木桩4～5根、锤子1把、花杆1根、测钎2～3根、小钢卷尺1把。

2)自备：记录板1块、铅笔1支、计算器1个、测伞1把。

(3)实训步骤简述。

1)计算测设要素。根据控制点F、G的坐标和R、S的设计坐标值，计算测设所需的数据$β_1$、$β_2$及D_1、D_2。

2)进行点位测设，如图6.2所示。

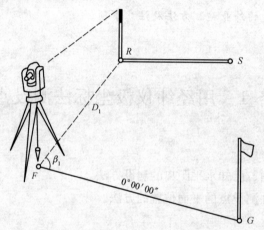

图6.2 用经纬仪极坐标法测设点位

①测设时将经纬仪安置于F点，对中、整平，盘左位置精确瞄准G点，转动度盘变换手轮，将水平度盘读数置于$0°00'00''$附近，精确读取G目标的水平度盘读数$β_0$。

②按逆时针方向测设$β_1$角，得到FR方向。再沿此方向测设水平距离D_1，即得到R'点的平面位置，用测钎做标记。

③盘右测设$β_1$角，并在视线方向定出R''点，用测钎做标记。

④取R'、R''中点即所求点R，FR即所要测设的方向。

⑤沿测设的方向FR展开钢尺，后尺手将钢尺零刻画对准F点，前尺手将钢尺沿既定方向拉紧，将测钎对准待需测设的长度D_1所对应的刻画处插入地面，打入木桩作为标志。

⑥精确丈量测站与木桩顶面之间的距离，在距离为D_1处的木桩顶面做十字标记，此即所测设的R点。

⑦用同样的方法测设出S点。

3)进行检核，然后用钢尺丈量R、S之间的距离，并与设计长度相比较，相对精度在1/3 000以上为合格，否则应重新测设。

(4)实训中的注意事项。

1)本实训所介绍的方法为一般精度的测设方法,更精确的测设方法可参考有关资料。

2)测设前应先在室内计算好测设要素以提高外业工作效率。

3)测设点位的方法有多种,也可根据实际情况选用其他方法完成测设工作。

(5)记录计算内容。

1)计算测设数据(参考)。

首先,计算 FG、FR、GS 的坐标方位角,即

$$\alpha_{FG} = \arctan \frac{y_G - y_F}{x_G - x_F}$$

$$\alpha_{FR} = \arctan \frac{y_R - y_F}{x_R - x_F}$$

$$\alpha_{GS} = \arctan \frac{y_S - y_G}{x_S - x_G}$$

计算 β_1、β_2 的角值为

$$\beta_1 = \alpha_{FG} - \alpha_{FR}$$

$$\beta_2 = \alpha_{GS} - \alpha_{GF}$$

计算距离 D_1、D_2:

$$D_1 = \sqrt{(x_R - x_F)^2 + (y_R - y_F)^2}$$

$$D_2 = \sqrt{(x_S - x_G)^2 + (y_S - y_G)^2}$$

2)测设结果检核表。测设结果检核表见表6.1。

表6.1 测设结果检核表

观测者:_____   记录者:_____

设计坐标/m	$R(x, y)=$	$S(x, y)=$	备注
D_{RS}设计值			
D_{RS}丈量值			
相对精度			

4. 提交成果

(1)实训结束时小组提交测设标定的桩位、测设计算数据及测设结果检核表。

(2)课后每人交实训报告1份。

任务2　测设已知高程点和已知坡度线

1. 实训目的

(1)掌握测设已知高程点的一般方法。

(2)掌握测设已知坡度线的一般方法。

2. 任务与要求

（1）根据已知水准点 BM_5（$H_5=64.300\text{ m}$）测设地物 A 的标高，假定 $H_{A设}=65.600\text{ m}$，地物 A 可以是木桩，也可是墙壁或灯杆。要求高程测设误差$\leqslant \pm 5\text{ mm}$。

（2）A、B 分别为设计坡度线的起始点和终点，其设计高程分别为 H_A 和 H_B，A、B 之间的距离设为 D（可假定约为 170 m）。沿 AB 方向测设坡度为 i_{AB} 的坡度线。

3. 项目实施

(1)实训方式及学时分配。

1)分小组进行，4～5人一组，小组成员分工协作，轮流操作各环节。

2)学时数为 2 学时，可安排课内完成。

(2)仪器、工具及附件。

1)每组借领：DS_3 型水准仪 1 台、30 m 钢尺 1 把、水准尺 2 根、40 mm×40 mm×300 mm 的木桩 4～5 根、锤子 1 把、小钢卷尺 1 把。

2)自备：记录板 1 块、铅笔 1 支、红画笔 1 支、计算器 1 个、测伞 1 把。

(3)实训步骤简述。

1)测设已知高程点。

①如图 6.3 所示，在实训场地上指定假定的已知水准点 BM_5（如 $H_5=64.300\text{ m}$）和待测设的地物 A（如 $H_{A设}=65.600\text{ m}$）的位置。

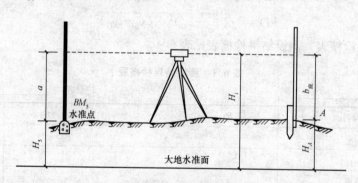

图 6.3 测设已知高程点

②在水准点 BM_5 和 A 点之间安置水准仪，后视 BM_5 得读数 a，则视线高程为
$$H_i = H_5 + a$$

③计算 A 点水准尺尺底恰好位于设计高程时的前视读数 $b_{应}$：
$$b_{应} = H_i - H_{A设}$$

④上、下移动竖立在木桩 A 侧面的水准尺，使尺上读数为 $b_{应}$。此时紧靠尺底在桩上画一水平线，其高程即待测设的地物 A 的设计高程 65.600 m。

⑤用水准测量法观测水准点 BM_5 与已测设的标高 A 的高差，并与设计高差（$H_A - H_5 = 1.300\text{ m}$）相比，误差应$\leqslant \pm 5\text{ mm}$，若误差超限应重测。

2)测设已知坡度线。

①如图 6.4 所示，首先选定 AB 方向线，并在 A、B 之间按一定的间隔在地面上标定出中间点 1、2、3 的位置，分别量取每相邻两桩之间的距离 d_1、d_2、d_3、d_4，A、B 之间的

距离 D，即 d_1、d_2、d_3、d_4 的和。

②计算每个桩点的设计高程，公式为 $H_{设} = H_A + i_{AB} \times d_i$（$d_i$ 即 A 点和桩点间的距离，如计算 2 点的设计高程时，公式中的 d_i 即 d_1 与 d_2 的和）。

③安置水准仪，读取 A 点水准尺后视读数 a，则水准仪的视线高程 $H_{视} = H_A + a$，再计算出每个桩点水准尺的应读前视读数 b，其方法是用视线高程减去该点的设计高程，公式为 $b = H_{视} - H_{设}$。

④按测设高程点的方法，指挥测量立尺人员，分别使水准仪的水平视线在水准尺读数刚好等于各桩点的应读前视读数 b 时作出标记，则桩标记连线即设计坡度线。

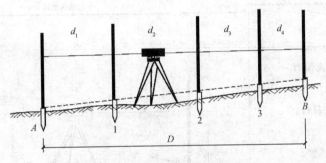

图 6.4 用水平视线法测设坡度线

(4)实训中的注意事项。

1)本实训所介绍的方法为一般精度的测设方法，更精确的测设方法可参考有关资料。

2)测设前应先在室内计算好测设要素，以提高外业工作效率。

3)测设已知坡度还有其他方法，也可根据实际情况选用。

(5)记录计算表。测设已知高程点外业记录表见表 6.2；测设已知坡度线外业记录表见表 6.3。

表 6.2 测设已知高程点外业记录表

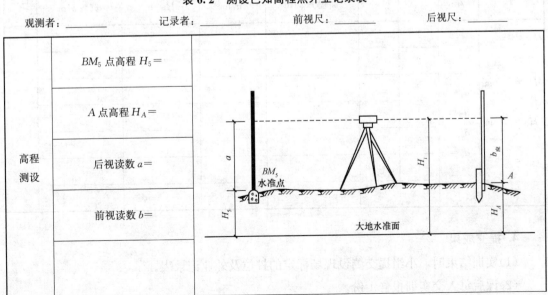

续表

高程测设	BM_5 点高程 $H_5=$ A 点高程 $H_A=$ 后视读数 $a=$ 前视读数 $b=$	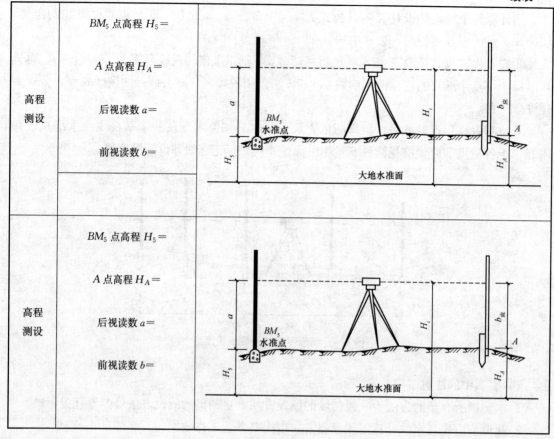
高程测设	BM_5 点高程 $H_5=$ A 点高程 $H_A=$ 后视读数 $a=$ 前视读数 $b=$	

表 6.3 测设已知坡度线外业记录表

观测者：_____   记录者：_____

已知条件	距离/m	桩点号	d_i/m	桩点的设计高程 $H_设$/m	后视读数 a/m	视线高程 $H_视$/m	应读前视读数 b/m	备注
$H_A=$ m $H_B=$ m $i_{AB}=$	$D=$ $d_1=$ $d_2=$ $d_3=$ $d_4=$	1						
		2						
		3						
		4						
		5						

4. 提交成果

(1)实训结束时，小组提交测设现场标定的桩位及外业记录表。

(2)课后每人交实训报告 1 份。

任务3　全站仪点位测设

1. 实训目的

(1)了解全站仪坐标测设的工作原理。

(2)了解在坐标测设过程中,如何在仪器中设置测站点(后视点)坐标、配置后视方向水平度盘读数和输入仪器高/棱镜高等参数。

(3)练习使用全站仪进行坐标测设,能够根据极坐标法测设点的平面位置,根据三角高程原理测设点的高程。

2. 任务与要求

(1)如图6.5所示,根据地面已知控制点F、G的坐标和P、Q的设计坐标,按照实训步骤完成放样点位的测设。点位坐标可参照表6.4。

表6.4　全站仪点位测设示例数据

点名称	点号	x	y	H
测站点	F	814.456	1 011.794	60.456
后视点	G	817.059	1 027.008	
放样点1	P	823.897	1 015.417	60.601
放样点2	Q	825.496	1 022.136	60.717

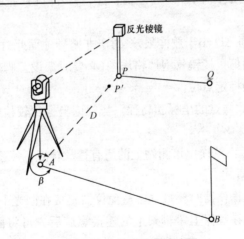

图6.5　全站仪点位测设略图

(2)测定已放样点的坐标,要求x、y坐标实测值与理论值之差$\leqslant \pm 10$ mm。

3. 项目实施

(1)实训方式及学时分配。

1)分小组进行,每小组由4~5人组成,分工协作,轮流操作;1~2人操作仪器,1人记录,2人立棱镜。

2)学时数为2学时,可安排课内完成。

(2)仪器、工具及附件。

1)每组借领：全站仪1套(主机1台、三脚架1副)、单棱镜1个(含对中杆1个)、温度计1个、气压计1个。

2)自备：记录板1块、铅笔1支、计算器1个、测伞1把。

(3)实训步骤简述。

1)在控制点上架设全站仪并对中、整平，初始化后检查仪器设置：输入气温、气压、棱镜常数；输入(调入)测站点的三维坐标，量取并输入仪器高，输入(调入)后视点坐标，照准后视点进行后视。如果后视点上有棱镜，输入棱镜高，可以立即测量后视点的坐标和高程并与已知数据检核。

2)瞄准另一控制点，检查方位角或坐标；在另一已知高程点上立棱镜或尺子检查仪器的视线高。利用仪器自身的计算功能进行计算时，记录员也应进行相应的计算以检核输入数据的正确性。

3)在各待定测站点上架设三脚架和棱镜，量取、记录并输入棱镜高，测量、记录待定点的坐标和高程。

以上步骤为测站点的测量。

4)在测站点上按步骤1)安置全站仪，照准另一立镜测站点检查坐标和高程。

5)记录员根据测站点和拟放样点坐标反算出测站点至放样点的距离和方位角。

6)观测员转动仪器至第一个放样点的方位角，指挥司镜员移动棱镜至仪器视线方向上，测量平距D。

7)计算实测距离D与放样距离D'的差值：$\Delta D = D - D'$，指挥司镜员在视线上前进或后退ΔD。

8)重复步骤7)，直到ΔD小于放样限差(对于非坚硬地面此时可以打桩)为止。

9)检查仪器的方位角值，棱镜气泡严格居中(必要时架设三脚架)，再测量一次，若ΔD小于限差要求，则可精确标定点位。

10)测量并记录现场放样点的坐标和高程，与理论坐标比较检核。确认无误后在标志旁加注记。

11)重复步骤6)~10)，放样出该测站上的所有待放样点。

(4)实训中的注意事项。

1)在阳光下或雨天操作仪器时要打伞，避免仪器直接在阳光下暴晒或被淋湿。

2)安置仪器时，必须在确保上紧脚架上的连接螺旋后方可将固定仪器的手放开，以防止仪器从脚架上摔落。

3)操作过程中，按按钮及按键时动作要轻，用力不可过大、过猛。

4)气压计、温度计应放置在通风阴凉的地方，不得暴露在阳光下。

5)照准头切忌对向太阳，以防将发光管及接收管烧坏。

6)实训过程中仪器及反光镜要有人守候。

7)切忌用手触摸反光镜及仪器的玻璃表面。

8)应按事先安排好的步骤和观测顺序有秩序地进行实训，不得抢先哄挤，做到文明观测。

9)定向完成后,必须利用其他控制点进行检核;必须核对输入坐标,无误后方可放样;在使用全站仪前必须检查棱镜常数。

(5)记录计算表。全站仪点位测设记录计算表见表6.5。

表6.5 全站仪点位测设记录计算表

仪器型号:＿＿＿＿＿＿ 出厂编号:＿＿＿＿＿＿ 觇牌高:＿＿＿＿＿＿

天　　气:＿＿＿＿＿＿ 成像情况:＿＿＿＿＿＿ 仪器高:＿＿＿＿＿＿

日　　期:＿＿＿＿＿＿ 温　　度:＿＿＿＿＿＿ 气　　压:＿＿＿＿＿＿

观 测 者:＿＿＿＿＿＿ 记 录 者:＿＿＿＿＿＿

点名	设计坐标/m		实测坐标/m		坐标差值/m		备注
	x	y	x	y	Δx	Δy	

4. 提交成果

(1)小组提交全站仪点位测设记录计算表。

(2)每人交实训报告1份。

思考题

1. 进行点位测设前需做哪些准备工作?
2. 测设点的平面位置有哪些方法?各适用于什么情况?
3. 测设已知坡度线的方法有哪几种?
4. 测设已知高程点的步骤是什么?
5. 进行全站仪坐标测设时在测站上应作哪些参数设置?
6. 坐标测设的工作原理是什么?

项目实训效果考核与测量能力评价

表 6.6 已知高程点测设能力考核与评价表

班　级：　　　　　　　组别：　　　　　　　考核教师：
控制点：　　　　　　　日期：　　　　　　　使用仪器：
观测者：　　　　　　　配合人员：

考核内容	考核指标	赋分	评价标准及要求	得分	备注
已知高程测设	操作方法是否正确、规范	10	操作合理、规范，否则根据具体情况扣分		
	水准仪或全站仪的安置及使用的熟练程度	10	仪器安置正确，操作熟练，组员配合默契，否则根据具体情况扣分		
	测设成果是否符合要求	25	要求高程测设误差≤±5 mm，否则扣分		
	测设数据计算的正确完整程度	15	计算正确，否则扣分		
	操作时间	20	小于 15 min 记 20 分；16～20 min 记 15 分；20 min 以上记 0～5 分		
	团结协作、沟通、分析问题、解决问题的能力等	10	由教师根据学生表现酌情打分		
	维护仪器、设备安全及文明、遵纪情况	10	实训态度端正，不玩手机，使用仪器维护到位，文明作业，无不安全事故发生，否则根据具体情况扣分		
考核结果与评价	考核评分合计				
	综合评价				

模块 3　施工测量能力单项实训

项目 7　建筑基线与建筑方格网的测设

相关支撑知识

(1)建筑基线的测设。
(2)用直角坐标法与极坐标法测设点位。
(3)施工场地的平面控制测量。

任务 1　砌体结构建筑基线的测设

1. 实训目的

(1)掌握根据建筑红线测设建筑基线的方法和步骤。
(2)掌握根据附近已有控制点测设建筑基线的方法和步骤。

2. 任务与要求

(1)根据建筑红线测设建筑基线。图 7.1 所示的 12、23 为正交的直线,是城市规划部门标定的"建筑红线"。一般情况下,建筑基线与建筑红线平行或垂直,要求用直角坐标法测设建筑基线 OA、OB。

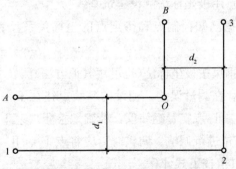

图 7.1　用直角坐标法测设建筑基线

(2)根据附近已有控制点测设建筑基线。如图 7.2 所示,C、D 为附近的已有控制点,Ⅰ、Ⅱ、Ⅲ为选定的建筑基线点,根据建筑基线点的设计坐标和附近已有控制点的关系,要求用极坐标法测设建筑基线。

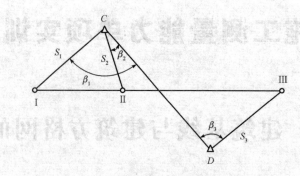

图 7.2 用极坐标法测设建筑基线

3. 项目实施

(1)实训方式及学时分配。

1)分小组进行,4~5人一组,小组成员团结协作,互相配合,轮流操作各环节。

2)学时数为 4 学时,可安排课内或课内加部分业余时间完成。

(2)仪器、工具及附件。

1)每组借领:经纬仪 1 台、三脚架 1 副、花杆 2 根、钢卷尺 1 把、斧头 1 把、木桩 4~5 根、小钉。

2)自备:记录板 1 块、铅笔 1 支、计算器 1 个、测伞 1 把。

(3)实训步骤简述。

1)根据建筑红线用直角坐标法测设建筑基线。

①计算测设数据 d_1、d_2。

②根据建筑红线用平行推移法测设建筑基线 OA、OB,并把 A、O、B 三点在地面上用木桩标定。

③安置经纬仪于 O 点,观测 $\angle AOB$ 是否等于 $90°$,其不符值不应超过 $\pm 20''$。观测 OA、OB 的距离是否等于设计长度,其不符值不应大于 $1/10\ 000$。若误差超限,应检查推平行线时的测设数据。若误差在许可范围之内,则适当调整 A、B 点的位置。

2)根据附近已有控制点用极坐标法测设建筑基线。

①计算测设数据。根据已知控制点和待定点的坐标关系反算出测设数据 β_1、S_1、β_2、S_2、β_3、S_3。

②放样。用经纬仪和钢尺按极坐标法(也可用其他方法)测设Ⅰ、Ⅱ、Ⅲ点。

③检核与调整。由于存在测量误差,测设的基线点往往不在同一直线上,如图 7.3 中的Ⅰ′、Ⅱ′、Ⅲ′,故还需在Ⅱ′点安置经纬仪,精确地检测出 $\angle Ⅰ'Ⅱ'Ⅲ'$。若此角值与 $180°$ 之差超过 $\pm 15''$,则应对点位进行调整。调整时,应将点Ⅰ′、Ⅱ′、Ⅲ′沿与基线垂直的方向各移动相同的调整值 δ。其值按下式计算:

$$\delta = \frac{ab}{a+b}\left(90° - \frac{\angle Ⅰ'Ⅱ'Ⅲ'}{2}\right)'' \frac{1}{\rho''} \tag{7.1}$$

式中 δ——各点的调整值;

a,b——Ⅰ、Ⅱ点和Ⅱ、Ⅲ点之间的距离。

除调整角度之外,还应调整Ⅰ、Ⅱ、Ⅲ点之间的距离。先用钢尺检查Ⅰ、Ⅱ点及Ⅱ、

Ⅲ点之间的距离,若丈量长度与设计长度之差的相对误差大于 1/20 000,则以Ⅱ点为准,按设计长度调整Ⅰ、Ⅲ两点。

以上两次调整应反复进行,直至误差在允许范围之内为止。

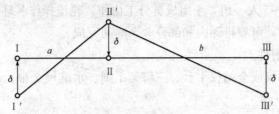

图 7.3 建筑基线的调整

(4)实训中的注意事项。
1)应在实训前认真分析任务要求,确定测设方案,计算好测设数据,提高实训效率。
2)应认真进行检核和调整,使测设结果符合精度要求。

4. 提交成果
(1)实训结束时小组提交计算的测设数据、测设记录及标定的测设桩位。
(2)课后每人交实训报告1份。

任务 2 框架结构建筑方格网的布设

1. 实训目的
掌握建筑方格网的测设方法与测设步骤。

2. 任务与要求
(1)根据场地已有的两控制点,建立以 AB、CD 为主轴线的建筑方格网。
(2)建筑方格网测设的主要技术要求满足表 7.1 和表 7.2 中的二级要求即可。

表 7.1 建筑方格网的主要技术要求

等级	边长/m	测角中误差/(″)	边长相对中误差
一级	100~300	5	≤1/30 000
二级	100~300	8	≤1/20 000

表 7.2 建筑方格网的水平角观测的主要技术要求

等级	仪器精度等级	测角中误差/(″)	测回数	半测回归零差/(″)	一测回内2C互差/(″)	各测回方向较差/(″)
一级	1″级仪器	5	2	≤6	≤9	≤6
	2″级仪器	5	3	≤8	≤13	≤9
二级	2″级仪器	8	2	≤12	≤118	≤12
	6″级仪器	8	4	≤18	—	≤24

3. 项目实施

(1)实训方式及学时分配。

1)分小组进行，4～5人一组，小组成员分工协作，轮流操作各环节。

2)学时数为4学时，可安排课内和部分业余时间完成。

(2)仪器、工具及附件。

1)每组借领：经纬仪或全站仪1台、三脚架1副、水准尺2根、花杆或棱镜、钢卷尺、斧头、木桩、小钉。

2)自备：记录板1块、铅笔1支、测伞1把。

(3)实训步骤简述。

1)在施工总平面图上布设方格网，计算出各点坐标，注意控制点坐标与方格网点的坐标必须在同一坐标系中。

2)测设主轴线，计算测设数据；利用控制点实地放样轴线点；检测和归化。

3)测设方格网点，并进行归化调整，各边长和直角误差应符合技术要求。

(4)实训中的注意事项。

1)由于建筑方格网的测设工作量大，测设精度要求也高，事先应做好测设方案。

2)应严格按操作规程要求操作。

4. 提交成果

(1)实训结束时小组提交计算数据、主轴线点、方格网点桩、测量记录等。

(2)课后每人交实训报告1份。

思考题

1. 什么是建筑红线和建筑基线？其作用分别是什么？
2. 如何测设建筑基线？
3. 建筑方格网适用于什么情况？如何布设？
4. 对建筑方格网的技术要求有哪些？

项目实训效果考核与测量能力评价

表7.3 建筑基线与建筑方格网的测设能力考核与评价表

班　级：　　　　　　　　组别：　　　　　　　　考核教师：
控制点：　　　　　　　　日期：　　　　　　　　使用仪器：
观测者：　　　　　　　　配合人员：

考核内容	考核指标	赋分	评价标准及要求	得分	备注
建筑基线与建筑方格网的测设	操作方法是否正确、规范	10	操作合理、规范，否则根据具体情况扣分		
	经纬仪或全站仪的安置及使用的熟练程度	10	安置正确，仪器操作熟练，组员配合默契，否则根据具体情况扣分		
	测设成果是否符合要求	25	要求符合相应的限差要求，否则扣分		
	测设数据计算的正确完整程度	15	计算正确，否则扣分		
	操作时间	20	小于 20 min 记 20 分；21~30 min 记 15 分；31 min 以上记 0~5 分		
	团结协作、沟通、分析问题、解决问题的能力等	10	由教师根据学生表现酌情打分		
	维护仪器、设备安全及文明、遵纪情况	10	实训态度端正，不玩手机，使用仪器维护到位，文明作业，无不安全事故发生，否则根据具体情况扣分		
考核结果与评价	考核评分合计				
	综合评价				

项目 8　民用建筑施工测量

相关支撑知识

(1)建筑物定位测量的常用方法。
(2)建筑物的放线。
(3)基槽开挖边线放线。
(4)基槽开挖的深度控制。
(5)基础墙标高的控制。
(6)墙体皮数杆简介。

任务 1　砌体结构建筑定位与放线

1. 实训目的

(1)掌握根据原有建筑物定位的测设方法与测设步骤。
(2)掌握根据建筑基线或建筑方格网定位的测设方法与测设步骤。
(3)掌握建筑物放线的测设方法与测设步骤。

2. 任务与要求

(1)根据与原有建筑物的关系定位。如图 8.1 所示，拟建建筑物的外墙边线与原有建筑物的外墙边线在同一条直线上，两栋建筑物的间距为 25 m，拟建建筑物四周长轴为 40 m，短轴为 20 m，要求测设拟建建筑物四个轴线的交点。

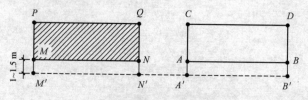

图 8.1　根据与原有建筑物的关系定位

(2)根据建筑基线定位。如图 8.2 所示，AB 为建筑基线，根据它作拟建建筑物 EFDC 的定位放线。

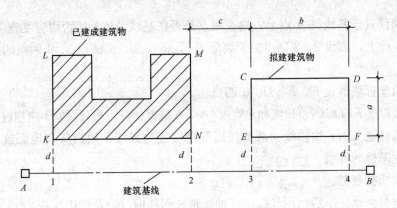

图 8.2 根据建筑基线定位

3. 项目实施

(1)实训方式及学时分配。

1)分小组进行,4~5 人一组,小组成员团结协作,相互配合,轮流操作各环节。

2)学时数为 4 学时,可安排课内或部分业余时间完成。

(2)仪器、工具及附件。

1)每组借领:经纬仪 1 台(或全站仪 1 台及其配套设备)、三脚架 1 副、花杆 2 根、钢卷尺 1 把、斧头 1 把、木桩 4~5 根、小钉。

2)自备:记录板 1 块、铅笔 1 支、计算器 1 个、测伞 1 把。

(3)实训步骤简述。

1)根据与原有建筑物的关系定位。

①如图 8.1 所示,沿原有建筑物的两侧外墙拉线,用钢尺顺线从墙角往外量一段较短的距离(如 1.5 m),在地面上定出 M' 和 N' 两个点,M' 和 N' 的连线为原有建筑物的平行线。

②在 M' 点安置经纬仪,照准 N' 点,用钢尺从 N' 点沿视线方向量取 25 m,在地面上定出 A' 点,再从 A' 点沿视线方向量取 40 m,在地面上定出 B' 点,A' 和 B' 的连线为拟建建筑物的平行线,其长度等于长轴尺寸。

③在 A' 点安置经纬仪,照准 B' 点,逆时针测设 90°,在视线方向上量取 1.5 m,在地面上定出 A 点,再从 A 点沿视线方向量取 20 m,在地面上定出 C 点。同理,在 B' 点安置经纬仪,照准 A' 点,顺时针测设 90°,在视线方向上量取 1.5 m,在地面上定出 B 点,再从 B 点沿视线方向量取 20 m,在地面上定出 D 点,则 A、B、C 和 D 点即拟建建筑物的四个定位轴线点。

④在 A、B、C 和 D 点上安置经纬仪,检核四个大角是否为 90°,用钢尺丈量四条轴线的长度,检核长轴是否为 40 m,短轴是否为 20 m。

2)根据建筑基线定位建筑物。

①如图 8.2 所示,先从建筑总平面图上,查算得建筑物轴线与建筑基线的距离 d,建筑的总长度 b、总宽度 a 和新旧建筑的间距。用麻线引出旧建筑两山墙的轴线 LK 及 MN,在引出线上测设 $K1=d$,$N2=d$(注意 $K1$、$N2$ 应为建筑的轴线,若是墙的外边线,应折算为轴线),得 1、2 两点。

②用经纬仪置于基线桩 A 点上，检查两点是否在基线 AB 上，否则应复查调整。

③在 AB 线上，测设 2、3 两点的距离等于 c，得 3 点；又测设 3、4 两点的距离等于 b，得 4 点。

④用直角坐标法侧设 E、F、D、C 四点。

⑤用钢尺检查 $EFDC$ 的总长度和总宽度与 a、b 是否相符，相对误差不应超过 1/2 000。

⑥根据基础施工图，由轴线向两侧放出基槽底宽边界线，用白灰在地面放出，即放灰线，作为开挖基槽的界线。

3）测设轴线控制桩。

①在轴线桩测设完毕后，用经纬仪将轴线延长到基槽(坑)开挖边线外 2~4 m 处，钉设控制桩，如图 8.3 所示。

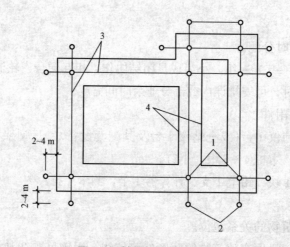

图 8.3 轴线控制桩的测设

1—轴线桩；2—控制桩；3—定位轴线；4—基槽灰线

②如附近有固定建筑物，可将轴线延长，投设到该建筑的墙脚或基础顶面上，用红色油漆做标记，代替控制桩。再将标高引测到墙面上，也用红漆做标记，三角形顶点下部横线即 ±0.000 标高线。

4）设置龙门板。

①按前述方法，将建筑物定位轴线测设到地面后，钉设轴线桩。

②如图 8.4(a)所示，根据土质及开挖深度，在基槽开挖边线外侧 1.5 m 以外钉设龙门板。龙门板应位于建筑物转角和内墙轴线两端。

③如图 8.4(b)所示，龙门板由龙门桩和龙门板组成。板面高程一般为该建筑室内地坪设计标高 ±0.000，应用水准仪测设。龙门板标高的测定容差为 ±5 mm。

④用经纬仪将墙、柱的轴线测设到龙门板上，钉一小钉标志，称为"轴线钉"。投点容差为 ±5 mm。用钢尺沿龙门板顶面检查轴线钉的间距，其相对误差不应超过 1/2 000。

⑤用钢尺在钉的两侧，将基槽(坑)上口宽度标定到龙门板上，留一锯口表示。根据基槽(坑)上口宽度，由定位轴线两侧放出基槽(坑)灰线，以便开挖。

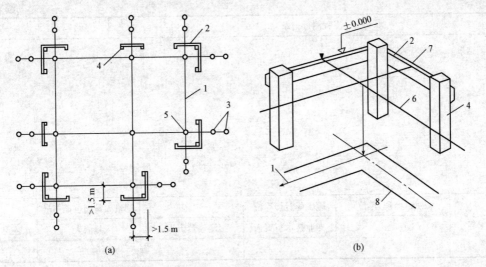

图 8.4　龙门板的设置
1—建筑定位轴线；2—龙门板；3—引桩；4—龙门桩；
5—轴线桩；6—拉线；7—轴线钉；8—基槽灰线

(4)实训中的注意事项。

1)施测前要认真做好各项准备工作，绘制观测示意图，将各测量数据标在示意图上。

2)施测过程中的每个环节都应规范操作，精心核对，保证测量精度。各环节测完后，及时请相关人员检查验收。

3)基础施工中，最容易将中线、轴线、边线搞混用错。因此，凡轴线与中线不重合或同一点附近有几个控制桩时，应在控制桩上标明轴线编号，分清是轴线还是中线，防止用错。

4)控制桩要做出明显标记，以便引起人们注意，桩的四周要钉木桩拉铁线加以保护，防止碰撞破坏。如发现桩位有变化，应进行复查后再使用。

(5)记录计算表。建筑物定位测量记录表见表 8.1，施工测量放线报验表见表 8.2。

表 8.1　建筑物定位测量记录表

工程测量记录		编号	
工程名称		委托单位	
图纸编号		施测日期	
平面坐标依据		复测日期	
高程依据		使用仪器	
允许误差		仪器校验日期	
定位抄测示意图			

续表

工程测量记录			编号	
复测结果				
签字栏	建设(监理)单位	施工(测量)单位	测量人员岗位证书号	
		专业技术负责人	测量负责人	复测人	施测人

表8.2 施工测量放线报验表

施工测量放线报验表		编号	
工程名称		日期	

致_____(监理单位)
　　我方已完成(部位)_____
　　　　　　(内容)_____的测量放线，经自检合格，请予查验。
　　附件：1. □放线的依据材料_____页
　　　　　2. □放线成果表_____页

测量员(签字)：　　　　　　　岗位证书号：
查验人(签字)：　　　　　　　岗位证书号：
承包单位名称：　　　　　　　技术负责人(签字)：

查验结果：

查验结论：　　□合格　　□纠错后重报
监理单位名称：　监理工程师(签字)：　　　　日期：

4. 提交成果

(1)实训结束时小组提交现场定出的角桩、中心桩和控制桩、测量记录单等。

(2)课后每人交实训报告1份。

任务2　砌体结构基础施工测量

1. 实训目的

(1)掌握建筑物基础位置施工测量的方法与测设步骤。

(2)掌握建筑物基础深度施工测量的方法与测设步骤。

2. 任务与要求

在一个局部开挖的场地或正在施工的现场,依据工程设计图纸,结合实际情况进行下列内容的实训:基槽开挖边线放线;基础的高程控制;基础的抄平工作;基础垫层中线的测设;垫层面标高的测设;基础墙标高的控制。

3. 项目实施

(1)实训方式及学时分配。

1)分小组进行,4~5人一组,小组成员团结协作,相互配合,轮流操作各环节。

2)学时数为4学时,可安排课内或部分业余时间完成。

(2)仪器、工具及附件。

1)每组借领:水准仪1台、经纬仪1台(或全站仪1台及其配套设备)、三脚架1副、水准尺2根、测钎、木桩、钢卷尺、花杆、墨线、石灰、锤球等。

2)自备:记录板1块、铅笔1支、计算器1个、测伞1把。

(3)实训步骤简述。

1)基槽开挖边线放线。

①确定施工工作面宽。

②确定放坡宽度和挖方宽度。

2)基础的高程控制。

①了解基础特点、±0.000位置、基底标高及基础垫层的高度。

②根据±0.000引测距基础底面高程相差0.5 m的水平桩。方法:选择合适的位置架设仪器;读后视读数;经计算确定前视读数;用竹签或木板确定水平桩高程(或打上标高号);用500 mm长的尺子确定基底的开挖深度。

3)基础的抄平工作。

①在适当位置架设仪器。

②在标准的垫层面高程处立一标杆(作为后视)。

③用仪器在适当处(每隔3~4 m)立一次前视,出现若干前视,前视读数与后视读数一致。

④打上竹签或标高符号。

4)基础垫层中线的测设。根据龙门板上的轴线钉或轴线控制桩,用经纬仪或拉绳挂锤球的方法,把轴线投测到垫层面上,并用墨线弹出墙中心线和基础边线,应严格校核。

5)垫层面标高的测设。垫层面标高的测设是以槽壁水平桩为依据在槽壁弹线,或在槽底打入小木桩进行控制。如果垫层需支架模板,可以直接在模板上弹出标高控制线。

6)基础墙标高的控制。基础墙标高是用基础皮数杆来控制的。

(4)实训中的注意事项。

1)施测前要认真做好各项准备工作,绘制观测示意图,将各测量数据标在示意图上。

2)施测过程中的每个环节都应规范操作,精心核对,保证测量精度。各环节测完后,及时请有关人员进行检查、验收。

(5)记录计算表。基槽验线记录表见表 8.3。

表 8.3 基槽验线记录表

基槽验线记录		编号	
工程名称		日期	
验线依据及内容:			
基槽平面、剖面简图:			
检查意见:			
签字栏	建设(监理)单位	施工测量单位		
		专业技术负责人	专业质检人	施测人

4. 提交成果

(1)实训结束时小组提交现场标记出的±0.000位置、撒出基槽开挖线、测量和放线记录等。

(2)课后每人交实训报告1份。

任务3 砌体结构墙体施工测量

1. 实训目的

掌握建筑物墙体施工测量的内容与测设方法。

2. 任务与要求

(1)墙体轴线的测设。找一个合适的位置模拟已完成的基础工程,假定轴线控制桩或龙门板上的轴线和墙边线标志,用全站仪(或经纬仪)或拉细绳挂锤球的方法将轴线投测到基础面上,其投点限差为5 mm。然后,用墨线弹出墙中线和墙边线,检查外墙轴线交角是否等于90°,最后将墙轴线延伸并画在外墙基础上,如图8.5所示,作为向上投测轴线的依据。若实训场地有条件,再将门、窗和其他洞口的边线也在基础外墙侧面上作出标志。

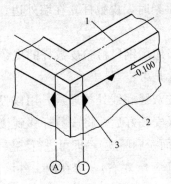

图8.5 墙体轴线的测设

1—墙中心线;2—外墙基础;3—轴线

(2)墙体标高的测设。

①立皮数杆(可根据实训条件选择在实训场地或到正在施工墙体的现场进行);

②在墙上测设"+50线";

③多层建筑物的墙体轴线引测。

(3)要求事先画出"皮数杆"草图。

3. 项目实施

(1)实训方式及学时分配。

1)分小组进行,4~5人一组,小组成员分工协作,密切配合。

2)学时数为4学时,可安排课内和部分业余时间完成。

(2)仪器、工具及附件。

1)每组借领:水准仪1台(或全站仪1台及其配套设备)、三脚架1副、水准尺2根、皮数杆1个、测锤1个、钢尺、墨线。

2)自备:记录板1块、铅笔1支、计算器1个、测伞1把。

(3)实训步骤简述。

1)墙体轴线的测设。

①找一个合适的位置模拟已完成的基础工程,假定轴线控制桩或龙门板上的轴线和墙边线标志。

②用经纬仪将轴线投测到基础面上,其投点限差为5 mm,然后用墨线弹出墙中线和墙边线。

③检查外墙轴线交角是否等于90°,检查合格后,将墙轴线延伸并画在外墙基础上,如图8.5所示,作为向上投测轴线的依据。

④若实训场地有条件,将门、窗和其他洞口的边线也在基础外墙侧面上作出标志。

2)墙体标高的测设。

①立皮数杆。皮数杆应钉设在墙角及隔墙处,若墙长超过20 m,中间应加设皮数杆。立皮数杆时,先靠基础打一大木桩,用水准仪在木桩上测设±0.000标高线,再将皮数杆的±0.000地坪标高线与其对齐,用大钉将皮数杆竖直钉立于大木桩上,并加两道斜撑固定杆身。为了便于施工,采用里脚手架时,皮数杆立在墙外边;采用外脚手架时,皮数杆应立在墙里边。

②立皮数杆后,质量检查员应用钢尺检验皮数杆的皮数划分及几处标高线的位置是否符合设计要求,并检查杆身钉立是否竖直。

③砌砖时在相邻两杆上每皮灰缝底线处拉通线,用以控制砌砖,并指导砌窗台线、立门窗、安装门窗过梁。二层楼板安装好后,将皮数杆移到楼层,使杆上地坪标高正对楼面标高处(注意楼面标高应包括楼面粉刷厚度),即可进行二层墙体的砌筑。

④墙体砌筑到一定高度后(1.5 m左右),应在内、外墙面上测设出+0.50 m标高的水平墨线,称为"+50线"。外墙的"+50线"作为向上传递各楼层标高的依据,内墙的"+50线"作为室内地面施工及室内装修的标高依据。

⑤楼板安装好后,二层楼的墙体轴线是根据底层的轴线,用锤球先引测到底层的墙面上,然后再用锤球引测到二层楼面上。

⑥墙体高程的引测,可以通过皮数杆或钢尺从外墙±0.000处逐层丈量。

(4)实训中的注意事项。

1)施测前要认真做好各项准备工作,绘制观测示意图,将各测量数据标在示意图上。

2)施测过程中的每个环节都应规范操作,精心核对,保证测量精度。各环节测完后,及时请有关人员检查验收。

3)应依据设计图纸进行各项施工测量工作。

4. 提交成果

(1)实训结束时,小组提交已立皮数杆及测设标志、记录等。

(2)课后每人交实训报告1份。

思考题

1. 什么是建筑物的放线？具体有哪些方法和形式？
2. 常用的建筑定位测量的方法有哪几种？如何进行？
3. 砌体结构的基础施工测量包括哪些内容？
4. 基础墙标高是用什么控制的？如何控制？
5. 墙体标高的测设包括哪些内容？
6. 如何利用皮数杆进行墙体标高的测设？

项目实训效果考核与测量能力评价

表 8.4　建筑物定位放线能力考核与评价表

班级：　　　　　　　　　组别：　　　　　　　　　考核教师：
控制点：　　　　　　　　日期：　　　　　　　　　使用仪器：
观测者：　　　　　　　　配合人员：

考核内容	考核指标	赋分	评价标准及要求	得分	备注
建筑物定位放线能力	操作方法是否正确、规范	10	根据现场和仪器工具条件选择适宜的建筑物定位放线方法，操作步骤合理规范，否则根据具体情况扣分		
	仪器安置的精度和熟练程度	10	对中误差不超过 1 mm，整平误差不超过 1 格，安置熟练，否则根据具体情况扣分		
	X 坐标较差	15	精度要求≤5 mm，1 点超限扣 5 分，2 点及以上超限不得分		
	Y 坐标较差	15	精度要求≤5 mm，1 点超限扣 5 分，2 点及以上超限不得分		
	时间	20	小于 15 min 记 20 分；15～20 min 记 15 分；20～25 min 记 10 分；25～30 min 记 5 分；30 min 以上记 0 分		
	协作者得分	10	配合默契，动作正确、规范，点位标准、清晰		
	团结协作、沟通、分析问题、解决问题的能力等	10	由教师根据学生表现酌情打分		
	维护仪器、设备安全及文明、遵纪情况	10	实训态度端正，不玩手机，使用仪器维护到位，文明作业，无不安全事故发生，否则根据具体情况扣分		
考核结果与评价	考核评分合计				
	综合评价				

项目 9　高层建筑施工测量

相关支撑知识

(1)高层建筑的楼层轴线投测。
(2)高层建筑的高程传递。
(3)沉降观测点的布设。

任务 1　框架-剪力墙建筑轴线传递

1. 实训目的

(1)掌握在高层建筑中用经纬仪传递轴线的施工测量方法与测设步骤。
(2)掌握在高层建筑中用激光垂准仪传递轴线的施工测量方法与测设步骤。

2. 任务与要求

在校外实训基地的正在施工的建筑工程现场,在企业兼职教师的指导下用经纬仪外控法、吊线坠法、垂准仪法分别进行轴线传递。

3. 项目实施

(1)实训方式及学时分配。
1)分小组进行,4~5 人一组,小组成员密切协作,轮流操作各环节。
2)学时数为 4 学时,可安排课内或部分业余时间完成。
(2)仪器、工具及附件。
1)每组借领:经纬仪 1 台、三脚架 1 副、激光垂准仪 1 台、墨线等。
2)自备:记录板 1 块、铅笔 1 支、计算器 1 个、测伞 1 把。
(3)实训步骤简述。
1)熟悉工程概况、施工图纸、施工现场及安全操作要求。
2)用经纬仪外控法进行轴线传递。
3)用吊线坠法进行轴线传递。
4)用垂准仪法进行轴线传递。
(4)实训中的注意事项。
1)在施工现场一定要遵守操作规程,注意安全。
2)应事先了解工程情况,熟悉工程施工图纸。

4. 提交成果

(1)实训结束时小组提交相关计算记录等。
(2)课后每人交实训报告 1 份。

任务 2　框架-剪力墙建筑高程传递

1. 实训目的

掌握在高层建筑中用水准仪传递高程的施工测量方法与测设步骤。

2. 任务与要求

(1)在一正在施工的高层建筑现场或模拟施工现场,根据现场水准点或±0.000 标高线,用水准仪配合钢尺法将高程向上传递至施工楼层。

(2)首层已知水准点 $A(H_A)$,用全站仪配合弯管目镜法将其高程传递至某施工楼层 B 点处。

3. 项目实施

(1)实训方式及学时分配。

1)分小组进行,4~5 人一组,小组成员团结协作。

2)学时数为 2 学时,可安排课内完成。

(2)仪器、工具及附件。

1)每组借领:水准仪、水准尺、钢尺、全站仪、棱镜等。

2)自备:记录板 1 块、铅笔 1 支、计算器 1 个、测伞 1 把。

(3)实训步骤简述。

1)水准仪配合钢尺法。

①先用水准仪根据现场水准点或±0.000 标高线,在各向上引测处(至少 3 处)准确地测出相同的起始标高线(如+0.50 m 标高线)。

②用钢尺沿铅直方向,由各处起始标高线开始向上量取至施工楼层,并画出+0.50 m 处的水平线。高差超过一整钢尺时,应在该层精确测定第二条起始标高线,作为再向上引测的依据。

③将水准仪安置在施工楼层上,校测由下面传递上来的各水平线,误差应在±6 mm 以内。在各施工楼层抄平时,水准仪应后视两条水平线作校核。

2)全站仪配合弯管目镜法。

①如图 9.1 所示,将全站仪安置在首层适当位置,以水平视线后视水准点 A,读取水准尺读数 a。

②将全站仪视线调至铅垂视线(通过弯管目镜)瞄准施工楼层上水平放置的棱镜,测出

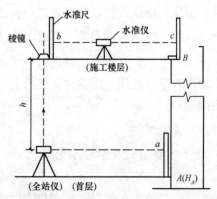

图 9.1　全站仪配合弯管目镜法

铅直距离 h。

③将水准仪安置在施工楼层上，后视竖立在棱镜面处的水准尺，读数为 b，前视施工楼层上 B 点处的水准尺，读数为 c，则 B 点高程 H_B 为

$$H_B = H_A + a + h + b - c$$

用这种方法传递高程比用钢尺竖直丈量精度高，而且操作也较方便。

(4)实训中的注意事项。

1)使用水准仪前应进行检校，施测时尽可能保持前、后视距相等；对钢尺应进行检定，应施加尺长改正和温度改正(钢结构不加温度改正)。当钢尺向上铅直丈量时，应施加标准拉力。

2)采用预制构件的高层结构施工时，要注意每层的偏差不能超限，同时要注意控制各层的标高，防止误差积累使建筑物总高度偏差超限。

3)为保证竣工时±0.000和各层标高的正确性，在高层建筑施工期间应进行沉降、位移等项目的变形观测。

4. 提交成果

(1)实训结束时，小组提交高程传递的仪器安置草图及记录计算数据。

(2)课后每人交实训报告 1 份。

任务 3　框架-剪力墙结构建筑沉降观测

1. 实训目的

(1)掌握沉降观测基准点的设置方法。

(2)掌握沉降观测点的设置方法。

(3)掌握沉降观测测量的内容与方法。

2. 任务与要求

在某工程建筑物周边布设至少 3 个以上水准基点，基点位置一般距离建筑物 20~40 m，然后在建筑物四周拐角及承重墙(柱)部位布设变形观测点。将基准点与变形观测点组成闭合环，用二等水准测量规范要求进行施测，全部测点需连续一次测完。必须按既定路线、测站、固定人员、固定仪器进行观测，闭合差为 $0.3\sqrt{n}$ mm(n 为测站数)，若精度不能满足要求，需重新监测。观测外业结束后，应进行沉降量计算，填写沉降观测成果表，绘制沉降曲线图。

3. 项目实施

(1)实训方式及学时分配。

1)分小组进行，4~5 人一组，小组成员要团结协作，共同完成。

2)学时数为 2 学时，可安排课内或部分业余时间完成。

(2)仪器、工具及附件。

1)每组借领：水准仪、水准尺、斧头、木桩、小钉。

2)自备：记录板 1 块、铅笔 1 支、计算器 1 个、测伞 1 把。

(3)实训步骤简述。

1)布设水准点。

①按要求至少布设 3 个水准点，而且水准点间最好安置一次仪器就可进行连测。

②布设水准点时应避开受压、受震范围，埋深至少在冻土线以下 0.5 m，以确保水准点的稳定性。

③水准点离观测点的距离应小于等于 100 m，以方便观测和提高精度。

2)布设观测点。一般在建筑物四周角点及易发生沉降变形的地方设立观测点，如承重墙和柱子基础、伸缩缝两旁、基础形式改变处、地质条件改变处、高低层建筑连接处、新老建筑连接处等。

3)按要求实施沉降观测。实际工程中，应在建筑物基坑开挖之前进行水准点的布设与观测，对沉降点的观测应贯穿于整个施工过程中，一直持续到建成后若干年，到沉降现象基本停止时为止。

4)沉降观测的成果整理和分析。

①整理原始记录。每次观测结束后应检查记录的数据和计算是否正确，精度是否合格，然后调整高差闭合差，推算出各沉降观测点的高程。

②计算沉降观测点的本次沉降量。用本次观测所得的高程减去上次观测所得的高程即得。

③计算累积沉降量。用本次沉降量加上次累积沉降量即得。

④将计算出来的各沉降观测点的本次沉降量、累积沉降量及观测日期、荷载情况等填入表 9.1 中。

⑤绘制沉降曲线。沉降曲线应能反映每个观测点沉降量随时间和荷载的增加的变化情况。同时，还要绘制时间与累积沉降量及时间与荷载的关系曲线。

⑥根据沉降曲线的变化分析，进一步估计沉降的发展趋势及沉降过程是否渐趋稳定或已经稳定。

(4)实训中的注意事项。

1)沉降观测一般采用精密水准测量的方法，观测时应遵循相关规定。

2)为了提高观测精度，水准路线应尽量构成闭合环的形式，而且一般采用固定观测员、固定仪器、固定施测路线的方法。

3)在实训过程中，每个步骤都进行检核后再进行下一个步骤，确保所有观测数据、计算数据和点位都准确无误。

4)测完各观测点后，需校核后视点，同一后视点的两次读数之差不得超过 ±1 mm。

5)前视、后视观测最好用同一根水准尺，水准尺离仪器的距离应小于 40 m，前视、后视距离用皮尺丈量，使其大致相等。

6)应定期检查水准点高程有无变动。

(5)记录计算表。沉降观测记录计算表见表 9.1。

表9.1　沉降观测记录计算表

观测次数	观测日期 (年-月-日)	各观测点的沉降情况									施工进展情况	荷载情况 /(t·m^{-3})
		1			2			3				
		高程	本次沉降量/mm	累积沉降量/mm	高程	本次沉降量/mm	累积沉降量/mm	高程	本次沉降量/mm	累积沉降量/mm		
1												
2												
3												
4												
5												
6												
7												
8												
9												
10												

4. 提交成果

(1)实训结束时小组提交沉降观测记录计算表。

(2)课后每人交实训报告1份。

> 思考题

1. 高层建筑楼层轴线投测的方法有哪些？如何操作？分别在什么情况下使用？
2. 使用天顶准直法进行高层建筑楼层轴线传递的方法和步骤是什么？
3. 框架-剪力墙结构建筑高程传递的方法有哪些？
4. 在进行高程传递时应注意哪些问题？
5. 如何进行建筑物沉降观测基准点的设置与测量？
6. 怎样进行沉降观测点的布设？
7. 沉降观测成果整理分析的步骤是什么？有哪些内容？

项目实训效果考核与测量能力评价

表 9.2　建筑物轴线投测能力评价考核记录

班　级：　　　　　　　　组别：　　　　　　　　考核教师：
控制点：　　　　　　　　日期：　　　　　　　　使用仪器：
观测者：　　　　　　　　配合人员：

考核内容	考核指标	赋分	评价标准及要求	得分	备注
建筑物轴线投测	操作方法是否正确、规范	10	根据现场和仪器工具条件选择适宜的建筑物定位放线方法，操作步骤合理、规范，否则根据具体情况扣分		
	仪器安置的精度和熟练程度	10	对中误差不超过 1 mm，整平误差不超过 1 格，安置熟练，否则根据具体情况扣分		
	瞄准 A 点是否准确	10	充分利用微动螺旋，正倒镜准确瞄准 A 点，否则根据具体情况扣分		
	轴线投测点精度	20	投测点精度在 5 mm 内，否则根据具体情况扣分		
	时间	20	在 10 min 内完成记 20 分；11～15 min 记 15 分；16～20 min 记 10 分；超过 30 min 记 0 分		
	协作者得分	10	配合默契，动作正确、规范，点位标准、清晰		
	团结协作、沟通、分析问题、解决问题的能力等	10	由教师根据学生表现酌情打分		
	维护仪器、设备安全及文明、遵纪情况	10	实训态度端正，不玩手机，使用仪器维护到位，文明作业，无不安全事故发生，否则根据具体情况扣分		
考核结果与评价	考核评分合计				
	综合评价				

表 9.3　建筑物高程传递能力评价考核记录

班　级：　　　　　　　　组别：　　　　　　　　考核教师：
控制点：　　　　　　　　日期：　　　　　　　　使用仪器：
观测者：　　　　　　　　配合人员：

考核内容	考核指标	赋分	评价标准及要求	得分	备注
建筑物高程传递	操作方法是否正确、规范	10	根据现场和仪器工具条件选择适宜的建筑物定位放线方法，操作步骤合理、规范，否则根据具体情况扣分		
	水准仪安置的精度和熟练程度	10	水准仪安置正确，仪器操作熟练，组员配合默契，否则根据具体情况扣分		
	读数和记录	10	读数和记录正确规范		
	高程传递精度	20	精度符合要求≤5 mm，超限不得分		

续表

考核内容	考核指标	赋分	评价标准及要求	得分	备注
建筑物高程传递	时间	20	在10 min完成记20分；11~15 min记15分；16~20 min记10分；超过30 min记0分		
	协作者得分	10	配合默契，动作正确规范，点位标准清晰		
	团结协作、沟通、分析问题解决问题的能力等	10	由教师根据学生表现酌情打分		
	维护仪器、设备安全及文明、遵纪情况	10	实训态度端正，不玩手机，使用仪器维护到位，文明作业，无不安全事故发生，否则根据具体情况扣分		
考核结果与评价	考核评分合计				
	综合评价				

表9.4 建筑物变形观测能力评价考核记录

班级：　　　　　　　　组别：　　　　　　　　考核教师：
控制点：　　　　　　　日期：　　　　　　　　使用仪器：
观测者：　　　　　　　配合人员：

考核内容	考核指标	赋分	评价标准及要求	得分	备注
建筑物沉降观测	操作方法是否正确、规范	10	根据现场和仪器工具条件选择适宜的水准路线和观测方法，操作步骤合理规范，否则根据具体情况扣分		
	水准仪安置的精度和熟练程度	5	每站前、后视距差小于2 m，黑、红面读数差小于2 mm，安置熟练，否则根据具体情况扣分		
	读数和记录	5	读数和记录正确规范		
	闭合水准路线精度	10	精度符合要求，点位计算准确，否则根据具体情况扣分		
	整理计算	15	根据已知的历次沉降观测所计算的点位高程和本次测点点位高程进行整理，计算各次和累计沉降量准确，否则根据具体情况扣分		
	绘制沉降曲线	15	根据所计算沉降量和已知荷载、时间绘制沉降观测的时间与沉降量及荷载的关系曲线		
	时间	20	在30 min内完成记20分；31~35 min记15分；35~40 min记10分；超过40 min记0分		
	团结协作、沟通、分析问题、解决问题的能力等	10	由教师根据学生表现酌情打分		
	维护仪器、设备安全及文明、遵纪情况	10	实训态度端正，不玩手机，使用仪器维护到位，文明作业，无不安全事故发生，否则根据具体情况扣分		
考核结果与评价	考核评分合计				
	综合评价				

项目10 钢结构工业厂房柱基础的定位测设

相关支撑知识

(1)厂区控制网的测设。
(2)厂房基础施工测量。

1. 实训目的
掌握钢结构工业厂房柱基础定位测设的方法与步骤。
2. 任务与要求
进行某钢结构工业厂房柱基的定位测设。
3. 项目实施
(1)实训方式及学时分配。
1)分小组进行,4~5人一组,小组成员分工协作,轮流操作各环节。
2)学时数为4学时,可安排课内或部分业余时间完成。
(2)仪器、工具及附件。
1)每组借领:全站仪、斧头、木桩、小钉。
2)自备:记录板1块、铅笔1支、计算器1个、测伞1把。
(3)实训步骤简述。
1)如图10.1所示,根据厂房矩形控制网控制点,按照厂房柱基础平面图和柱基础大样图的有关尺寸,在厂房矩形网各边上测定柱基础中心线与厂房矩形网各边的交点,称为轴线控制桩(端点桩)。测定的方法是:根据矩形控制网各边上的距离指示桩,以内分法测设,距离闭合差应进行分配。

2)用两台经纬仪分别安置在相应轴线控制桩上,瞄准相对应的轴线桩,交出柱基础中心位置。如在图10.1中,Ⓐ—Ⓐ′轴线的轴线控制桩为A、A',2—2′轴线的轴线控制桩为2、$2'$,将两台经纬仪分别安置在轴线控制桩A点和2点上,对中与整平仪器,瞄准相应轴线控制桩A'和$2'$,两方向交点即2号柱基础中心位置。

3)按照基础图进行柱基础放线,用灰线把基坑开挖边线在实地标出。在开挖边线外0.5~1.0 m处方向线上打入四个定位桩,钉以小钉子标出柱基础中心线方向,供修坑立模之用。

4)依此方法,测设出厂房全部柱基础。

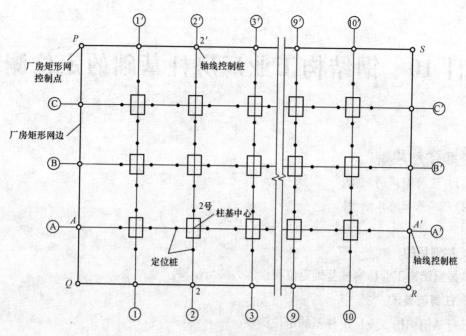

图 10.1 厂房柱基础定位略图

(4)实训中的注意事项。

1)在进行柱基定位测量时,有时一个厂房的柱基础类型不一,尺寸各异,有时定位轴线不一定都是柱基础中心线,测设时应注意搞清楚。

2)应在浇筑基础混凝土前、后各进行一次定位放线检验测量。

3)基础中心线及标高检验测量的允许偏差,应符合国家标准《建筑地基基础工程施工质量验收标准》(GB 50202—2018)、《砌体工程施工质量验收规范》(GB 50203—2011)、《混凝土结构工程施工质量验收规范》(GB 50204—2015)、《钢结构工程施工质量验收规范》(GB 50205—2001)的有关规定。

4. 提交成果

(1)实训结束时小组提交基础定位测设的定位桩及记录计算内容等。

(2)课后每人交实训报告 1 份。

思考题

1. 工业厂房施工测量包括哪些内容?
2. 钢结构工业厂房柱基础定位测设的内容和方法是什么?

项目实训效果考核与测量能力评价

表 10.1　钢结构工业厂房柱基础定位测设能力考核与评价表

班　级：　　　　　　　组别：　　　　　　　考核教师：
控制点：　　　　　　　日期：　　　　　　　使用仪器：
观测者：　　　　　　　配合人员：

考核内容	考核指标	赋分	评价标准及要求	得分	备注
钢结构工业厂房基础定位测设	操作方法是否正确、规范	10	根据现场和仪器工具条件选择适宜的建筑物定位放线方法，操作步骤合理规范，否则根据具体情况扣分		
	仪器安置的精度和熟练程度	10	对中误差不超过 1 mm，整平误差不超过 1 格，安置熟练，否则根据具体情况扣分		
	X 坐标较差	15	精度要求≤5 mm，1 点超限扣 5 分，2 点及以上超限不得分		
	Y 坐标较差	15	精度要求≤5 mm，1 点超限扣 5 分，2 点及以上超限不得分		
	时间	20	小于 15 min 记 20 分；15～20 min 记 15 分；20～25 min 记 10 分；25～30 min 记 5 分；30 min 以上记 0 分		
	协作者得分	10	配合默契，动作正确规范，点位标准清晰		
	团结协作、沟通、分析问题、解决问题的能力等	10	由教师根据学生表现酌情打分		
	维护仪器、设备安全及文明、遵纪情况	10	实训态度端正，不玩手机，使用仪器维护到位，文明作业，无不安全事故发生，否则根据具体情况扣分		
考核结果与评价	考核评分合计				
	综合评价				

项目11 管道纵、横断面测绘

> **相关支撑知识**
> (1)管道纵断面测绘。
> (2)管道横断面测绘。

1. 实训目的

掌握管道纵、横断面测绘的基本操作方法。

2. 任务与要求

(1)在教师的指导下,完成管道中线定线测量工作,纵、横断面测量和纵、横断面图的绘制。

(2)经过此实训后,要求学生具备组织、实施中小型管道测绘的工作能力。

3. 项目实施

(1)实训方式及学时分配。

1)分小组进行,4~5人一组,小组成员要分工协作。

2)学时数为4学时,可安排课内或部分业余时间完成。

(2)仪器、工具及附件。

1)每组借领:DS_3型水准仪1台、水准尺1对、50 m皮尺1盘、花杆2~3根、斧头1把、木桩、红油漆、毛笔等。

2)自备:记录板1块、铅笔1支、计算器1个、测伞1把。

(3)实训步骤简述。

在教师的指导下,从选定的管道中线首点开始,选取160 m左右的管道长度,完成管道的中线测量,纵、横断面的测量,纵、横断面图的绘制。

工作任务和完成时间由指导教师根据实际情况统一安排。

1)管道的中线测量。管道的中线测量是在地形图选线的基础上,通过管道中线的定线测量工作,在地面上标定管道中线的起点、转折点以及终点的位置,测出管道中线的长度和转折角度值。

当管道较长时,测量中线前,应先在管道沿线布测四等水准路线,作为中线测量和纵、横断面测量的高程控制点。

首先用木桩标定管道起点位置,在桩侧面上用红漆标注里程桩号0+000("+"号前为整千米数,"+"后为米数),此后沿着初选线路,用皮尺量距,每40 m的标准间隔设置一个里程桩,并标注桩号。如果在标准间隔内遇有重要地物或明显地形变化,应增设加桩,并标注桩号。当遇到转折点时,应用经纬仪测定转折角。

2)管道的纵断面测量。如图 11.1 所示,在管道中线测定完毕后,以水准测量的方式,根据管道沿线的四等水准点,分段组成附合水准路线,逐段测定每个中线桩和加桩的桩顶高程及地面高程(也可以测桩顶高程,量取桩高)。当横断面间隔较小时,可以采用多个间视的方法测定桩顶高程。将观测数据依次填入记录表中。

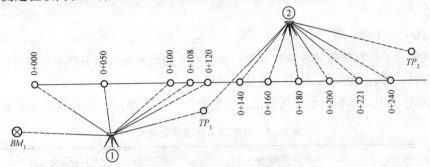

图 11.1 用水准仪法测量纵断面

3)管道的横断面测量。横断面测量就是要测出各里程桩垂直于管道中线方向上一定宽度范围(一般为 10～50 m)内的横向地面高低变化。横断面方向的确定,通常采用目估法或直角器法。常用的横断面测量方法有花杆皮尺法、水准仪法、经纬仪视距法三种。本实训采用水准仪法。

如图 11.2 所示,在起伏不大的地区,将水准仪安置在两个横断面中间,可以一站测量两个横断面。测量时,将其中一个中桩作为后视,读数后计算出视线高程;而后分别向左、右逐点读取地面坡度变化点上水准尺的前视读数,并计算尺底高程;同时将皮尺拉平量取中桩到立尺点间的水平距离,应尽量使皮尺的零点位于中桩,量取从中桩开始的累积平距。如果要分段量取水平距离,应注意清除量距误差的积累。另外,应绘制草图区分中桩左、右点。

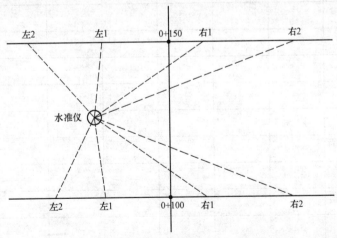

图 11.2 用水准仪法测量横断面

4)纵断面图的绘制。纵断面图就是根据各个中线桩的地面高程及桩间的水平距离关系,按一定比例尺绘制在方格纸上,相邻点以直线相连而成的图形。

常用的水平距离比例尺有1∶500、1∶1 000、1∶2 000;高程比例尺为1∶100,特殊情况下也可采用1∶50、1∶200的比例尺。

5)横断面图的绘制。横断面图的绘制基本上与纵断面图的绘制相同。只是为了求解断面面积方便,通常纵、横比例尺均采用相同的数值,如均为1∶100。原地面线(用实线)按照横断面测量成果绘出后,还应套绘本桩号的设计断面(用虚线),本断面的填挖图形立即就显现出来了。

(4)实训中的注意事项。

1)中线测量工作在教师的统一指导下,根据已有的地形图或相关教学资料进行。

2)注意纵、横断面测量中桩位、点位的选择。

(5)记录计算表。纵断面水准测量记录表见表11.1;横断面水准测量记录表见表11.2。

表11.1 纵断面水准测量记录表

测站	桩号	水准尺读数/m			高差/m		仪器视线高程/m	高程/m
		后视	前视	中间视	+	−		

表 11.2　横断面水准测量记录表

测站	桩号	水准尺读数/m			仪器视线高程/m	高程/m	备注
		后视	前视	中间视			

4. 提交成果

(1)实训结束时小组提交记录表等。

(2)课后每人交实训报告 1 份(附纵、横断面图)。

> 思考题

1. 管道纵、横断面测量的内容和方法是什么?
2. 如何绘制管道的纵、横断面图?

项目实训效果考核与测量能力评价

表 11.3 管道纵、横断面测绘能力考核与评价表

班　级：　　　　　　　　组别：　　　　　　　　考核教师：
控制点：　　　　　　　　日期：　　　　　　　　使用仪器：
观测者：　　　　　　　　配合人员：

考核内容	考核指标	赋分	评价标准及要求	得分	备注
管道纵横断面测量	操作方法是否正确、规范	10	根据现场和仪器工具条件选择适宜的测量方法，操作步骤合理规范，否则根据具体情况扣分		
	仪器安置的精度和使用熟练程度	10	符合相应精度要求，安置熟练，否则根据具体情况扣分		
	计算过程的完整准确程度	20	计算过程完整准确，否则根据具体情况扣分		
	纵横断面图的绘制情况	20	绘图正确、完整，否则根据具体情况扣分		
	时间	20	根据任务实际情况确定规定时间，在规定时间内完成计20分，超时适当扣分		
	团结协作、沟通、分析问题、解决问题的能力等	10	教师根据学生的表现酌情打分		
	维护仪器、设备安全及文明、遵纪情况	10	实训态度端正，不玩手机，使用仪器维护到位，文明作业，无不安全事故发生，否则根据具体情况扣分		
考核结果与评价	考核评分合计				
	综合评价				

模块 4　综合能力实习训练

项目 12　建筑总平面图测绘(经纬仪测绘)

1. 实习目的

测量综合能力训练是在课堂教学结束之后在实训场地集中进行综合训练的实践性教学环节。通过训练,使学生了解工程测量的工作过程,熟练地掌握测量仪器的操作方法和记录计算方法;掌握大比例尺地形图测绘的基本方法和地形图的应用;能够根据工程情况编制施工测量方案,掌握施工放样的基本方法;培养学生的动手能力和分析问题、解决问题的能力,逐步形成严谨求实、吃苦耐劳、团结合作的工作作风。

2. 实习任务、内容、计划安排及要求

时间为 3 周。具体实习任务、内容、计划安排及要求见表 12.1。

表 12.1　实习任务、内容、计划安排及要求

序号	项目名称或工作安排	内容	时间/天	具体任务内容与要求
1	测前准备工作	动员、借领仪器工具,检校仪器,踏勘测区	1.0	布置实习任务,做好测前准备工作,对水准仪、经纬仪进行检验和校核
2	建筑总平面图测绘(经纬仪大比例尺地形图测绘)	水准仪测高程,经纬仪闭合导线测量的外业工作	3.0	掌握水准仪、经纬仪的综合应用方法
		导线测量的内业工作	1.0	
		地形图测绘	5.0	测绘 1∶500 比例尺地形图 6～12 个方格,掌握经纬仪大比例尺地形图测绘的基本方法
		内业处理	1.0	
3	操作考核	仪器操作考核	1.0	经纬仪、水准仪等的操作考核
4	听讲座	测绘新仪器、新技术学习	0.5	请专业技术人员进行测绘新仪器、新技术介绍讲座或组织学生在施工现场或仪器公司参观学习。GPS 接收机、各种激光测量仪器、绘图仪等的参观或讲座等
5	编写并提交成果	编写、上交综合实训报告书	2.5	编写、整理各项资料,上交综合实训报告书
6	合计		15	

3. 主要技术依据

(1)相关的规程规范,如《国家基本比例尺地图图式 第1部分:1∶500 1∶1 000 1∶2 000 地形图图式》(GB/T 20257.1—2017)、地方的建筑工程测量规程等。

(2)施工图纸。

(3)工程测量的控制点等。

4. 实习组织方式

实习分小组进行,每组4~5人,并选组长1人,负责组内实习分工和仪器管理。组员在组长的统一安排下,分工协作。分配任务时,应使每项工作均由组员轮流担任,不要单纯追求进度。

5. 实习仪器和工具

实习各环节所需设备和工具。

高程控制:DS_3型水准仪、三脚架、水准尺、尺垫等。

平面控制:DJ_6型经纬仪、全站仪、棱镜、三脚架、测钎、钢尺等。

碎步测量:图板、聚酯薄膜绘图纸、坐标展点器或量角器、DJ_6型经纬仪、三脚架、测钎等。

记录计算:水准记录本、测回法记录本、碎步测量记录本、2H铅笔等。

其他:《地形图图式》、实习报告纸等。

6. 实习的主要步骤和方法

(1)实习前的准备工作。实习动员,准备实习资料,领取仪器工具、记录手簿和计算表格。

(2)水准仪、经纬仪的检校。

(3)地形控制网的布设。选点前应收集测区原有地形图和控制点等资料,根据测区范围、已知点分布和地形情况,拟订导线布设的初步方案,然后到实地确定导线点位置。

(4)选点。按照实际生产情况,图根平面控制通常选择闭合导线。选点时应该注意以下两点:导线点应选在通视良好、视野开阔、便于安置仪器、便于观测、便于保存的地方;导线点应分布均匀,有足够的密度,相邻边长应大致相等。导线的边长和密度应符合表12.2的规定。

表12.2 导线的边长及密度要求

测图比例尺	平均边长/m	边长总和/m	每平方千米图根点数	每幅图图根点数
1∶500	75	900	120	8
1∶1 000	110	1 800	40	10

若导线点为临时点,则只需在点位打一个木桩,桩顶面钉一个小钉,其小钉几何中心即点位;若点位在水泥路面,则在点位上钉一个水泥钉即可;需长期保存的点,应埋设混凝土标石,标石中心钢筋顶面应有十字线,十字交点即点位。

选点后,对所选点位统一编号并绘制点位略图。

(5)图根平面控制测量。

1)磁方位角或连接角测量。独立测区可采用磁方位角定向,采用罗盘仪测定导线起始边的磁方位角;如果测区附近有已知边,导线起始边与已知边采用支导线的形式连接,连接角采用测回法观测两个测回。

2)转折角观测。采用测回法观测两个测回,沿逆时针方向观测导线前进方向的左角。

测回法限差要求:半测回差≤±36″,测回差≤±24″,对中限差≤3 mm,整平限差(水准管气泡不偏离1分划格)。

注意事项:DJ_6型经纬仪读数的秒数应为6的倍数,分和秒必须记录两位数,如6″记录为06″;一测回只能配盘一次,并且是在上半测回开始之前,配完盘务必弹开配盘手轮;对中、整平要到位,观测过程中若气泡偏离一格以上,应在测回间重新整平;在观测过程中一定要用十字丝交点瞄准测钎尖部,并且每次尽量瞄准目标的同一位置。

3)边长测量。边长测量采用钢尺丈量的方法,也可用全站仪测量。

钢尺丈量可以用单程两次丈量或往返丈量,相对误差≤1/2 000。单程两次丈量时,用不同的起始数据量两次,两次观测值互差≤3 mm。

4)图根导线内业数据处理。按导线计算方法计算各导线点的坐标。

图根导线角度闭合差限差:$f_{\beta允}=\pm 60''\sqrt{n}$($n$为闭合导线内角个数)。

图根导线全长相对闭合差限差:$K \leq 2\ 000$。

(6)图根高程控制测量。

1)高程控制网布设。按照测区实际情况选择高程控制网形式,通常选择单一水准路线,并且使水准点和导线点共用。

2)四等水准测量观测。测站观测程序:"后—后—前—前"("黑—红—红—黑")。

3)四等水准测量测站技术要求。最低视线(下丝)高度≥0.3 m,视线长度不大于75 m;前、后视距差不得超过±3 m,累积视距差不得超过±10 m;同一把尺黑、红面读数差(即$K+$黑$-$红)不得超过±3 mm;同一测站黑、红面高差之差不得超过±5 mm。

水准路线技术要求见表12.3。

表12.3 水准路线技术要求

等级	每千米高差中误差	路线长度/m	水准仪型号	水准尺	观测次数		往返较差,附合或环线闭合	
					与已知点联测	符合或环线	平地/mm	山地/mm
四等	10	≤16	DS_3	双面	往返各一次	往一次	$\pm 20\sqrt{L}$	$\pm 6\sqrt{n}$
等外	15	—	DS_3	双面	往返各一次	往一次	$\pm 40\sqrt{L}$	$\pm 12\sqrt{n}$

4)四等水准测量的注意事项。读数时应按观测程序读取,记录员要复述,避免读记的错误;记录计算程序要清晰,区分清前、后尺尺常数;各站各项限差均符合要求后方可搬站,否则应重测;仪器未搬站时,后视尺不得移动;仪器搬站时,前视尺不得移动;记录要做到美观大方、字体规范、字迹清晰,严禁用橡皮擦拭,不得连环涂改;水准记录每个

读数的前两位,若有错记现象,可用斜线划掉,在其上方填写正确数字,每个读数的后两位绝不允许改动,否则被认为是篡改或伪造数据;记录字体的大小应为格宽的2/3,字体应为正规手写体,应用2H铅笔填写。

5)四等水准路线的计算。按水准路线计算方法,计算出所有水准点的高程。

(7)控制点加密。地形测图时,应充分利用图根控制点设站测绘碎部点,若因视距限制或通视影响,在图根点上不能完全测出周围的地物和地貌时,可以采用测边交会、测角交会等方法增设测站点,也可以采用经纬仪支距法增设测站点,这种方法简便易行。其操作步骤如下:

1)将经纬仪安置在某个控制点上,对中、整平、定向。

2)测出已知方向与所选加密控制点方向之间的水平角 β 或照准方向的方位角,用视距法测出测站点与所选点位之间的水平距离和高差,计算出加密控制点的坐标和高程。

3)将此点作为图根点使用。

(8)碎部测量。

1)展绘控制点。在毫米方格纸上按比例尺展绘出各控制点;划分图幅,确定出各图幅的西南角坐标;按《地形图图式》的要求将控制点展绘在聚酯薄膜绘图纸上。各控制点展绘好后,可用比例尺或坐标展点器在图上量取各相邻控制点之间的距离,和已知的边长相比较,其最大误差在图纸上不得超过 0.3 mm,否则应重新展绘。

2)碎部测图。碎部测图的步骤参照经纬仪测绘法。

碎部测图的注意事项:仪器对中误差≤0.05 mm 图上距离。在碎部测图过程中,每完成一测站后,应重新瞄准零方向,检查经纬仪定向有无错误。定向误差不超过 $4'$。采用经纬仪法测图时,碎部点的最大视距长度:1/500 的测图不得超过 75 m。测图中,立尺点的多少,应根据测区内地物、地貌的情况而定。原则上,要求以最少数量(必需量)的确实起着控制地形作用的特征点,准确而精细地描绘地物、地貌。因此,立尺点应选在地物轮廓的起点、终点、弯曲点、交叉点、转折点上及地貌的山顶、山腰、鞍部、谷源、谷口、倾斜变换和方向变换的地方。一般图上每隔 2~3 cm 要有一个地形点,尽量布置均匀;碎部点高程对于山地注记至 0.1 m,对于平地注记至 0.01 m。等高距的大小应按地形情况和用图需要来确定;按要求测出测区内所有的地物、地貌,并按《地形图图式》绘出。地形图上的所有线划、符号和注记,均应在现场完成,并应严格遵循"看不清不描绘"的原则。

3)精度评价。选一些明显的地物地貌点,再次测得它到控制点的距离及其高程,计算较差,计算出点位中误差和高程中误差,判断精度是否符合要求。

$$m_{点}=\pm\sqrt{\frac{\Delta D \Delta D}{2n}}, \quad m_{高}=\pm\sqrt{\frac{\Delta H \Delta H}{2n}}$$

(9)图面整饰,图边拼接,检查验收。

1)检查。碎步测量完成之后,要进行检查工作,为保证成图精度,每个小组要进行室内和室外两部分检查。

①室内检查内容:图根点的密度是否满足要求,外、内业数据是否正确,原图上地物和地貌是否清晰、易读,地物符号是否正确等。

②室外检查内容:包括仪器检查和巡视检查。仪器检查:直接用仪器观察若干个碎部

点，与原图进行比较；巡视检查：携带图板与实际地形对照，主要检查地物、地貌有无遗漏，地物的注记是否正确等。

以上检查中发现的错误，应及时纠正，错误过多则需补测或者重测。

2)整饰。一般顺序为：控制点、独立地物、次要地物、高程注记、等高线、植被、名称注记、外图廓注记等。要求达到：真实、准确、清晰、美观。

3)拼接。直接在聚酯薄膜上拼接。

4)验收。验收工作由上一级有关人员(如教师)进行。

(10)技术总结。整理上交成果，写出技术总结或实习报告、个人小结，进行成绩考核。

7. 提交实习成果

(1)每个实习小组应提交下列成果：

1)经过严格检查的各种观测手簿；

2)整饰合格的地形图。

(2)每个人应提交下列成果：

1)控制网的选点草图；

2)经纬仪导线计算成果；

3)四等水准测量计算成果；

4)控制点成果表；

5)实习报告(技术总结、个人总结等)。

8. 实习成绩考核与综合测量能力评价

每位同学的实习成绩根据小组成绩(30%)和个人成绩(70%)综合评定。按优、良、中、及格、不及格五级评定。

(1)小组成绩的评定标准。

1)观测、记录、计算准确，图面整洁清晰，按时完成任务等。

2)遵守纪律，爱护仪器。小组内、外团结协作。

3)组内能展开讨论，能及时发现问题，解决问题，并总结经验教训。

(2)个人成绩的评定标准。

1)能熟练按操作规程进行外业操作和内业计算。

2)达到记录整洁、美观、规范。

3)计算正确，结果不超限。

4)遵守纪律，爱护仪器，工作态度好。

5)出勤好。缺勤一天不能得优，缺勤两天不能得良，缺勤三天不能得中，缺勤四天不及格。

6)实习报告整洁清晰，项目齐全，成果正确。

7)考试成绩包括实际操作考试成绩和理论计算考试成绩。

8)实习中发生吵架事件，损坏仪器、工具及其他公物，未交实习报告，伪造数据，丢失成果资料等，均作不及格处理。

(3)仪器操作考核标准。仪器操作考核标准见表12.4。

表 12.4 仪器操作考核标准

考核内容		标准	标准分数	
			水准仪	经纬仪
安置仪器	架仪器	动作熟练、方法正确	3	3
	整平	手指转动熟练、正确	7	6
	对中	动作熟练、方向正确		6
观测	瞄准	调焦正确，各螺旋使用正确，读数迅速、准确	5	5
	读数		5	10
	结果	正确	10	10
记录		字迹工整、清晰	3	3
计算		计算正确，过程书写工整、清晰	5	5
收仪器		动作熟练、方法正确	2	2
限差		满足精度要求	5	5
备注		1."水准仪"满分 45 分，"经纬仪"满分 55 分。 2. 如果观测结果"限差"超限，可以重测，但要根据完成情况扣 5~10 分。 3. 观测内容："水准仪"：用双面尺法进行一个测站的观测；"经纬仪"，用测回法观测水平角一测回。 4. 2人一组，1人观测，1人记录。		

项目 13　建筑总平面图测绘(数字化测图)

1. 实习目的与要求

数字化测图实习的目的,是使学生了解从图根控制到大比例尺数字化测图生产作业的全过程,从而巩固和加深对知识的理解,并增强学生的动手能力,培养学生运用所学知识分析问题的能力和解决问题的能力。通过实习要求学生做到以下几点:

(1)熟练掌握全站仪测量的操作,并能对仪器进行检验与校正;
(2)掌握图根控制和大比例尺数字化测图的内、外业工作;
(3)培养学生热爱专业,认真执行规范,关心集体,爱护仪器的良好职业道德和对工作认真负责、对技术精益求精的工作作风。

2. 实习任务、内容、计划安排及要求

1∶500 或 1∶1 000 大比例尺地形图测绘的具体内容如下:
(1)踏勘选点,技术设计;
(2)数据采集(图根控制测量、碎部点数据采集);
(3)数据传输;
(4)数据处理(地形图绘制);
(5)地形图的检查与验收;
(6)实习报告(技术总结);
(7)图形输出。

实习时间为 3 周,具体安排见表 13.1。

表 13.1　实习计划安排

序号	内容	时间/天
1	实习动员和准备工作	0.5
2	踏勘选点	0.5
3	外业导线控制测量	3
4	野外数据采集(外业)	4
5	图形编辑处理(内业)	3
6	图形整饰及外业检核	1
7	资料整理	1
8	技能考核	1
9	编写实习报告书	1

注:实习时间为 3 周,实习内容及时间安排是建议性的,可根据实习期间的野外天气情况适当进行调整。

3. 实习组织方式

实习期间组织工作由主讲教师全面负责，1名辅导教师配合主讲教师共同承担实习期间的指导任务。

实习分小组进行，每组4~5人，选组长1人，负责组内实习分工、仪器管理及考勤等工作。组员在组长的统一安排下，分工协作，做好实习。分配任务时，应使每项工作均由组员轮流担任，不要单纯追求进度。

4. 实习仪器和工具

全站仪（包括电池、充电器）1台、棱镜觇牌1套（箱）、三脚架1个、棱镜杆1根、2 m钢卷尺1个、工具包1个、记录板1块、对讲机2个、地形图图式1本。

5. 主要技术依据

(1)相关的规程规范，如《国家基本比例尺地图图式 第1部分：1：500 1：1 000 1：2 000地形图图式》(GB/T 20257.1—2017)、《全球定位系统(GPS)测量规范》(GB/T 18314—2009)、地方的建筑工程测量规程等。

(2)施工图纸。

(3)工程测量的控制点。

6. 实习内容技术要求

(1)一般规定。

1)测图比例尺为1：500或1：1 000，基本等高距为0.5 m或1 m。

2)图上地物点相对于邻近图根点的点位中误差应不超过图上±0.5 mm；邻近地物点间距中误差应不超过图上±0.4 mm。

3)高程注记点相对于邻近图根点的高程中误差不得大于±0.15 m。

(2)控制测量。

1)图根导线。图根导线测量的技术指标应按照表13.2的规定执行。

图根导线的边长采用测距仪单向施测一测回。一测回进行二次读数，其读数较差应小于20 mm，测距边应加气象加、乘常数改正。

1：500、1：1 000测图时，附合导线长度可放宽至表13.2规定值的1.5倍，且附合导线边数不宜超过15条，此时方位角闭合差不应大于±$40''\sqrt{n}$，绝对闭合差不应大于$0.5 \times M \times 10^{-3}$(m)；导线长度短于表13.2中规定的1/3时，其绝对闭合差不应大于$0.3 \times M \times 10^{-3}$(m)。

表13.2 图根导线测量技术指标

附合导线长度/m	相对闭合差	边长	测角中误差/(″)		测回数	方位角闭合差/(″)	
			一般	首级控制	DJ$_6$	一般	首级控制
1.3M	1/2 500	不大于碎部点最大测距的1.5倍	±30	±20	1	±$60\sqrt{n}$	±$40\sqrt{n}$

注：n为测站数，M为测图比例尺分母。

当图根导线布设成支导线时，支导线的长度不应超过表13.2中规定长度的1/2，边数不宜多于3条。水平角应使用DJ$_6$型经纬仪施测左、右角各一测回，其圆周角闭合差不应大于 40″。边长采用测距仪单向施测一测回。

2)用极坐标法增补测站点。测图比例尺为 1∶500 时边长不应大于 300 m；为 1∶1 000 时不应大于 500 m；为 1∶2 000 时不应大于 700 m，其主要技术要求应按照表 13.3 的规定执行。

表 13.3 极坐标法测量技术指标

DJ_6	距离测量	半测回较差/(″)	测距读数较差/mm	高程较差	两组计算坐标较差/m
1	单向施测 1 测回	≤30	≤20	≤$1/5H_d$	$0.5\times M\times 10^{-3}$

注：H_d 为基本等高距。

(3)碎部测量。

1)准备工作。

①将控制点、图根点平面坐标和高程值抄录在成果表上备用。

②每日施测前，应对数据采集软件进行试运行检查，对输入的控制点成果数据需显示检查。

2)数据采集方法及要求。

①实习采用全站仪"测记法"的数字测图方法。成图软件采用南方 CASS 大比例尺数字测图系统。

②碎部点坐标测量采用极坐标法，也可采用量距法和交会法等，碎部点高程采用三角高程测量。设站时，仪器对中误差不应大于 5 mm，照准一图根点作为起始方向，观测另一图根点作为检核点，算得检核点的平面位置误差不应大于图上 0.2 mm。检查另一图根点高程，其较差不应大于 0.1 m。每站在测图过程中应经常归零检查，归零差不应大于 4′。仪器高和棱镜中心高应量记至毫米。

③地形点密度：地形点间距一般应按照表 13.4 中的规定执行，地形线和断裂线应按其地形变化增大采点密度。

表 13.4 地形点间距   m

比例尺	1∶500	1∶1 000	1∶2 000
地形点平均间距	25	50	100

④碎部点测距最大长度一般应按照表 13.5 中的规定执行，如遇特殊情况，在保证碎部点精度的前提下，碎部点长度可适当增加。

表 13.5 碎部点最大测距长度   m

比例尺	1∶500	1∶1 000	1∶2 000
最大测距长度	200	350	500

⑤采集数据时，角度应读记至秒，距离应读记至毫米。高程注记点应分布均匀，间距为 15 m，平坦及地形简单地区可放宽至 1.5 倍。高程注记点应注至厘米。

⑥地形较复杂的地方，应在采集数据的现场实时绘制草图。

⑦每天工作结束后应及时对采集的数据进行检查。若草图绘制有错误,应按照实地情况修改草图。若数据记录有错误,可修改测点编号、地形码和信息码,但严禁修改观测数据,否则需返工重测。对错漏数据要及时补测,超限的数据应重测。

3)测量内容及取舍。

①测量控制点是测绘地形图的主要依据,在图上应精确表示。

②房屋的轮廓应以墙基外角为准,并按建筑材料和性质分类,注记层数。房屋应逐个表示,临时性房屋可舍去。

③建筑物和围墙轮廓凹凸在图上小于 0.4 mm,简单房屋小于 0.6 mm 时,可用直线连接。

④校园内道路应将车行道、人行道按实际位置测绘。其他道路按内部道路绘出。

⑤沿道路两侧排列的以及其他成行的树木均用"行树"符号表示。符号间距视具体情况可放大或缩小。

⑥电线杆位置应实测,可不连线,但应绘出电线连线方向。

⑦架空的、地面上的管道均应实测,并注记传输物质的名称。地下管线检修井、消防栓应测绘表示。

⑧沟渠在图上宽度小于 1 mm 的,用单线表示并注明流向。

⑨斜坡在图上投影宽度小于 2 mm 的,用陡坎符号表示。当坡、坎比高小于 0.25 m 或在图上长度小于 5 mm 时,可不表示。

⑩各项地理名称注记位置应适当,无遗漏。单位名称和房屋栋号应正确注记。

⑪其他地物参照"规范"和"图式"合理取舍。

(4)数字地形图的编辑和输出。地图制图产品中高程注记点密度为图上每 100 cm^2 内 5~20 个,一般选择明显地物点或地形特征点。对外业采集的数据进行计算机数据处理,并在人机交互方式下进行地形图编辑,生成数字地形图图形文件。在绘图仪上输出 1∶500 地形图。

(5)成图质量检查。

1)对成图图面应按规范要求进行检查。检查方法为室内检查、实地巡视检查及设站检查。检查中发现的错误和遗漏应予以纠正和补测。

2)室内检查为各小组内成员自查,主要检查各等级控制测量(平面和高程)成果;数字地形图的线划是否光滑、自然、清晰,有无抖动、重复等现象;符号表示规格是否符合地形图图式规定;注记压盖地物的比率等。数字地形图底图检查是检查其数量、图名、编号是否与图形文件一致;图中字体、字号、字数、字向、单位等是否符合相应比例尺地形图图式的规定;符号间隔是否满足规定,是否清晰、易读。

3)外业检查为各小组交互检查,经作业人员自查、互检合格后方可上交检查结果。

4)外业检查方法及数据处理如下:

①数字地形图检测点应均匀分布,随机选取明显地物点,对样本进行全面检查。检测点的数量视地物复杂程度、比例尺等具体情况确定,原则上应能准确反映所检样本的平面点位精度和高程精度,一般每幅图选取 20~50 个点。

检测方法视数据采集方法而定。野外测量采集数据的数字地形图,当比例尺大于

1∶5 000时，检测点的平面坐标和高程采用外业散点法按测站点精度施测。用钢尺或测距仪量测相邻地物点间的距离，量测边数量每幅一般不少于 20 处。

②地物点的平面中误差按下式计算：

$$m_x = \pm\sqrt{\frac{\sum_{i=1}^{n}(X_i - x_i)^2}{n-1}}, m_y = \pm\sqrt{\frac{\sum_{i=1}^{n}(Y_i - y_i)^2}{n-1}}$$

$$M_{检} = \pm\sqrt{m_x^2 + m_y^2}$$

式中　$M_{检}$——检测地物点的平面位置中误差(m)；

　　　m_x——坐标 x 的中误差(m)；

　　　m_y——坐标 y 的中误差(m)；

　　　X_i——第 i 个检测点的 x 坐标检测值(m)；

　　　x_i——第 i 个同名地物点的 x 坐标原测值(从数字地形图上提取)(m)；

　　　Y_i——第 i 个检测点的 y 坐标检测值(实测)(m)；

　　　y_i——第 i 个同名地物点的 y 坐标原测值(从数字地形图上提取)(m)；

　　　n——检测点数。

③相邻地物点间距中误差(或点状目标位移中误差、线状目标位移中误差)按下式计算：

$$M_s = \pm\sqrt{\frac{\sum_{i=1}^{n}\Delta S_i^2}{n-1}}$$

式中　ΔS_i——相邻地物点实测边长与图上同名边长较差或地图数字化采集的数字地形图与数字化原图套合后透检量测的点状或线状目标的位移差(m)；

　　　n——量测边条数(或点状目标、线状目标的个数)。

④高程中误差按下式计算：

$$M_h = \pm\sqrt{\frac{\sum_{i=1}^{n}(H_i - h_i)^2}{n-1}}$$

式中　H_i——检测点的实测高程(m)；

　　　h_i——数字地形图上相应内插点高程(m)；

　　　n——高程检测点个数。

7. 提交成果

(1)实习结束时，小组应提交。

1)外业控制测量成果(电子及打印成果各一份)；

2)数字地形图(1∶500 或 1∶1 000)电子文档及打印成果一份(图幅 50×50 或 50×40)；

3)原始外业坐标数据文件(电子成果)；

4)外业检查结果及精度统计。

5)外业数据采集草图。

(2)实习结束时，个人应提交：

1)实习报告、实习日志；

2)整饰合格的数字化地形图。

8. 实习成绩考核与综合测量能力评价

实习成绩根据小组成绩(30%)和个人成绩(70%)综合评定。按优、良、中、及格、不及格五级评定成绩。

(1)小组成绩的评定标准。

1)观测、记录、计算准确,图面整洁清晰,按时完成任务等。

2)遵守纪律,爱护仪器。小组内、外团结协作。

3)组内能展开讨论,及时发现问题,解决问题,并总结经验教训。

(2)个人成绩的评定。

1)能熟练按操作规程进行外业操作和内业计算。

2)记录整洁、美观、规范。

3)计算正确,结果不超限。

4)遵守纪律,爱护仪器,劳动态度好。

5)出勤好。缺勤一天不能得优,缺勤两天不能得良,缺勤三天不能得中,缺勤四天不及格。

6)实习报告整洁清晰,项目齐全,成果正确。

7)考试成绩包括实际操作考试成绩和理论计算考试成绩。

8)实习中发生吵架事件,损坏仪器、工具及其他公物,未交实习报告,伪造数据,丢失成果资料等,均作不及格处理。

(3)仪器操作考核标准。仪器操作考核标准见表13.6。

表13.6 仪器操作考核标准

考核内容	标准	标准分数	
		GPS	全站仪
安置仪器	动作熟练、方法正确	10	15
观测	操作使用正确,读数迅速、准确,结果正确	20	25
记录	字迹工整、清晰	3	3
计算	计算正确,过程书写工整、清晰	5	5
收仪器	动作熟练、方法正确	2	2
限差	满足精度要求	5	5
备注	1. "GPS"满分45分,"全站仪"满分55分。 2. 如果观测结果"限差"超限,可以重测,但要根据完成情况扣5~15分。 3. 观测内容:"全站仪":用极坐标法进行1个碎部点的坐标测量;"GPS":用三角高程法进行1个碎部点的高程测量。 4. 2人一组,1人观测,1人记录。		

项目 14 建筑施工测量综合实习

1. 实习目的

建筑施工测量综合实习是在课堂教学结束之后在实训场地集中进行综合训练的实践性教学环节。通过训练，学生能够根据工程情况编制施工测量方案，掌握施工放样的基本方法；培养动手能力和分析问题、解决问题的能力，逐步形成严谨求实、吃苦耐劳、团结合作的工作作风。

2. 实习任务、内容、计划安排及要求

共2周时间。具体实习任务、内容、计划安排及要求见表14.1。

表14.1 实习任务、内容、计划安排及要求

序号	任务或工作安排	内容	时间/天	具体任务内容与要求
1	测前准备工作	动员、借领仪器工具，检校仪器，踏勘测区	0.5	布置实习任务，做好测前准备工作，对水准仪、经纬仪、全站仪等进行检验和校核
2	校外实训基地建筑施工测量综合实习（或校内模拟仿真建筑施工测量综合实习）	熟悉图纸；制定施工测量方案或学习现场已制定的施工测量方案	1	根据地形图设计一个给定的建筑物的平面位置，学习施工测量方案案例或制定施工测量方案
		施工控制测量；建筑物定位、放线、高程测设；建筑物沉降观测等	5	根据控制点测设施工控制网；根据建筑基线进行建筑物的定位、放线、±0.000标志的测设，进行建筑物的沉降观测等
		检查各种定位放样结果	0.5	对定位放线进行验线检查
3	操作考核	仪器操作考核	1	全站仪等的操作考核
4	编写并提交成果	编写、上交综合实习报告书	2	编写、整理各项资料，上交综合实习报告书
5	合计		10	

3. 主要技术依据

(1) 相关的规程规范，如《工程测量规范》(GB 50026—2007)、地方的建筑工程测量规程等。

(2) 施工图纸。

(3) 工程测量的控制点。

4. 实习组织方式

实习分小组进行，每组4~5人，选组长1人，负责组内实习分工和仪器管理。组员在

组长的统一安排下，分工协作，做好实习。分配任务时，应使每项工作均由组员轮流担任，不要单纯追求进度。

5. 实习仪器和工具

实习各环节所需设备和工具：

施工测量：全站仪、棱镜、水准仪、木桩、斧头、钢卷尺等。

其他：记录本、2H 铅笔、实习报告纸等。

6. 实习主要步骤

(1)测前准备工作。

(2)熟悉施工图纸。

(3)学习建筑施工测量方案案例或制定施工测量方案。

(4)根据控制点测设施工控制网。

(5)根据建筑基线进行建筑物的定位、放线、±0.000 标志的测设。

(6)建筑物轴线传递和高程测设。

(7)建筑物的沉降观测等。

(8)技术总结：整理上交成果，写出技术总结或实习报告、个人小结，进行成绩考核。

7. 提交实习成果

(1)每个实习小组应提交下列成果：

1)经过严格检查的各种观测手簿；

2)现场施工测量的标志。

(2)每个人应提交下列成果：

1)控制网的选点草图；

2)控制点成果表；

3)实习报告(技术总结、个人总结等)。

8. 实习成绩考核与综合测量能力评价

实习成绩根据小组成绩(30%)和个人成绩(70%)综合评定。按优、良、中、及格、不及格五级评定成绩。

(1)小组成绩的评定标准。

1)观测、记录、计算准确，图面整洁清晰，按时完成任务等。

2)遵守纪律，爱护仪器。小组内、外团结协作。

3)组内能展开讨论，及时发现问题，解决问题，并总结经验教训。

(2)个人成绩的评定。

1)能熟练按操作规程进行外业操作和内业计算。

2)记录整洁、美观、规范。

3)计算正确，结果不超限。

4)遵守纪律，爱护仪器，劳动态度好。

5)出勤好。缺勤一天不能得优，缺勤两天不能得良，缺勤三天不能得中，缺勤四天不及格。

6)实习报告整洁清晰,项目齐全,成果正确。

7)考试成绩包括实际操作考试成绩和理论计算考试成绩。

8)实习中发生吵架事件,损坏仪器、工具及其他公物,未交实习报告,伪造数据,丢失成果资料等,均作不及格处理。

(3)仪器操作考核标准。仪器操作考核标准见表14.2。

表 14.2 仪器操作考核标准

考核内容		标准	标准分数	
			水准仪	全站仪
安置仪器		操作方法正确,动作熟练	10	15
观测	瞄准	调焦正确,各螺旋使用正确, 读数迅速、准确	5	5
	读数		5	10
	结果	正确	10	10
记录		字迹工整、清晰	3	3
计算		计算正确,过程书写工整、清晰	5	5
收仪器		动作熟练、方法正确	2	2
限差		满足精度要求	5	5
备注		1."水准仪"满分45分,"全站仪"满分55分。 2.如果观测结果"限差"超限,可以重测,但要根据情况扣5~15分。 3.观测内容:"水准仪":高程点的测设;"全站仪":施工放线测量。 4.2人一组,1人观测,1人记录。		

模块 5　建筑工程测量相关案例学习

项目 15　某工程施工测量方案示例

1　编制依据

1.1　工程测量规范

1.2　×××开发有限公司提供的工程测量平面控制点

1.3　工程施工图纸

1.4　××期工程施工组织设计

2　工程概况

×××期工程由×××房地产开发有限公司开发兴建，×××国际工程设计有限公司设计，×××建设监理公司监理，×××有限公司总承建的高层及小高层住宅区。

×××期工程位于××××××，总共 8 栋，分别为柱下独立基础，墙下条形基础，局部采用梁下翻式筏板基础，总建筑面积为××× m^2。其中：地下室面积约为 6 000 m^2；地下室层数：1 层，其中××号楼……16 号楼为 32 层的高层建筑，……18 号楼为 16 层小高层建筑。结构形式：短肢剪力墙结构（具体详见建筑施工图）。

3　施工准备

3.1　场地准备

本工程施工时，现场地势基本平坦，定位测量施工前先进行场地平整，清除障碍物后才可进行施工定位放线工作。

3.2　测量仪器准备

根据本工程的规模、质量要求、施工进度确定所用的测量仪器，所有测量器具必须经专业法定检测部门检验合格后方可使用。使用时应严格遵照工程测量规范要求操作、保管及维护，并设立测量设备台账。测量仪器配备一览表见表 15.1。

表 15.1　测量仪器配备一览表

序号	测量仪器名称	型号规格	单位	数量	备注
1	全站仪	TS-802	台	1	
2	电子经纬仪	FDT2 GC	台	1	
3	激光铅垂仪	DZJ2	台	1	
4	自动安平水准仪	ATO-32	台	2	仪器送检证书附后
5	钢卷尺	50 m	把	4	
		7.5 m	把	4	
		5 m	把	20	
6	塔尺	5 m	把	2	

3.3 技术准备

3.3.1 施测组织

(1)本项目部由专业测量人员成立测量小组,根据甲方提供的工程测量平面控制点成果数据表坐标点和高程控制点进行施测,并按规定程序检查验收,对施测组全体人员进行详细的图纸交底及方案交底,明确分工,所有施测的工作进度逐日安排,由组长根据项目的总体进度计划进行安排。

(2)测量人员及组成。

测量负责人:1名;测量技术员:2名;测量员:5名。

3.3.2 技术要求

(1)测量负责人必须持证上岗,测量人员要固定,不能随便更换,如有特殊需要必须由现场技术负责人同意后负责调换,以保证工程正常施工。

(2)测量人员必须熟悉图纸,了解设计意图,学习测量规范,充分掌握轴线、尺寸、标高和现场条件,对各设计图纸的有关尺寸及测设数据应仔细校对,必要时将图纸上的主要尺寸摘抄于施测记录本上,以便随时查找使用。

(3)测量人员测量前必须到现场踏勘,全面了解现场情况,复核测量控制点及水准点,保证测设工作正常进行,提前编制施工测量方案。

(4)测量人员必须按照施工进度计划要求、施测方案、测设方法、测设数据计算和绘制测设草图,以此保证工程各部位按图施工。

3.3.3 施测原则

(1)认真学习执行国家法令、政策与法规。明确"一切为工程服务,按图施工,质量第一,安全第一"的宗旨。

(2)遵守"先整体后局部"的工作程序,先确定平面坐标控制网,然后以平面坐标控制网为依据,进行各细部轴线的定位放线。

(3)必须严格审核测量原始依据的正确性,坚持"现场测量放线"与"内业测量计算"工作步步校核的工作方法。

(4)测法要科学、简捷,仪器选用要恰当,使用要精心,在满足工程需要的前提下,力争做到省工、省时、省费用。

(5)定位工作必须执行自检、互检合格后再报检的工作制度。

(6)紧密配合施工,发扬团结协作、实事求是、认真负责的工作作风。

4 主要施工测量方法

4.1 坐标及高程的引入

4.1.1 坐标点、水准点引测依据

根据甲方提供的工程测量平面控制点成果表,得平面坐标控制点和高程控制点,见表15.2和表15.3。

表 15.2 工程测量坐标控制点数据

点号	纵坐标/X	横坐标/Y
GP21-1	791 967.168	−8 249.225
GP21	791 907.575	−8 334.545
GP22	791 522.874	−8 462.852

表 15.3 工程测量高程控制点数据

点号	高程/m	点号	高程/m	点号	高程/m
GP21	155.354	GP22	154.902		

4.1.2 场区平面控制网布设原则

平面控制应先从整体考虑,遵循"先整体、后局部,高精度控制低精度"的原则,布设平面坐标高程控制网。应在通视条件良好、安全、易保护的地方选点,本工程各楼座坐标高程控制点牢固布设在楼座周边与混凝土护坡坡顶上,并用红油漆做好测量标记。为防止控制点位移变化,需间隔 3 天复查校核一次。

4.1.3 引测坐标点、水准点,建立局域控制测量网

(1)坐标点。从现场场地的实际情况来看,现场可用场地较狭小,所以布设的控制点要求通视,便于保护,施工方便。根据设计图纸、施工组织设计,本工程直接采用轴线交点极坐标放样法控制,故要求现场引测坐标点必须精确无误。确定现场测量控制点为 Z_1、Z_2、Z_3、Z_4。其坐标值见表 15.4。

表 15.4 施工现场测量控制点坐标一览表

点号	纵坐标/X	横坐标/Y
1	791 779.147	−8 329.514
2	791 743.017	−8 193.622
3	791 584.030	−8 222.206
4	791 629.482	−8 376.102

第一步,施测时,首先采用全站仪置于"GP21 点",对中、整平,后视照准"GP22 点",前视"GP21-1 点",校核甲方提供的这三点的相对距离、夹角是否符合。

第二步,采用极坐标的施测方法,测设施工现场测量控制点:Z_1、Z_2、Z_3、Z_4。

第三步,用全站仪分别置于各测量控制点 $Z_1 \sim Z_4$,分别回测复查 GP21 和 GP22 点,然后分别计算校核各点之间的夹角、距离,以形成闭合坐标导线网,得到最终精确、可靠的坐标数据。

为此,建立本工程施工现场测量控制点坐标导线网,如图 15.1 所示。

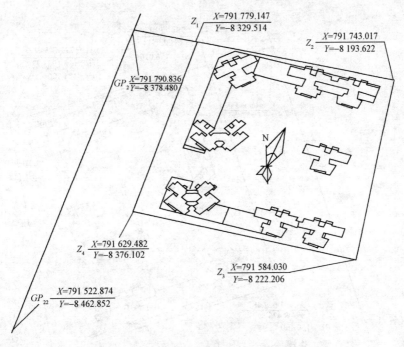

图 15.1　施工现场测量控制点坐标导线网

(2)水准点。根据甲方提供的 GP21 与 GP22 两个高程控制点,采用环线闭合的方法,向建筑物四周引测固定高程控制点。施工现场引测控制点高程见表 15.5。

表 15.5　施工现场引测控制点高程一览表

BM_1	BM_2	BM_3	BM_4
156.010	154.700	154.832	156.100

根据引测结果,确定高程点布置位置并绘制水准点控制图(图 15.2)。

4.2　测量控制方法

4.2.1　轴线控制方法

基础部位主要采用"轴线交点极坐标放样法",主体结构主要采用"内控天顶法"。

4.2.2　高程传递方法

基础部位主要采用"DS_2 型水准仪加测微器用仪高法引测高程点",主体结构主要采用"钢尺垂直传递法"引测高程点。

4.2.3　轴线及高程点放样程序

(1)基础工程。其轴线及高程点放样程序如图 15.3 所示。

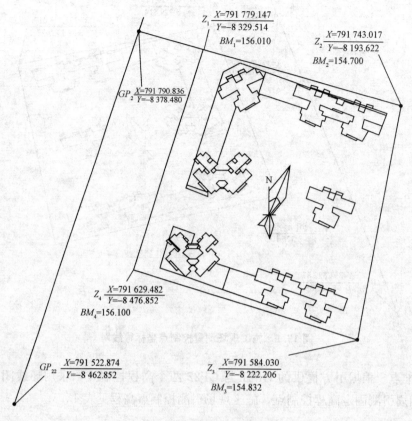

图 15.2 水准点控制图

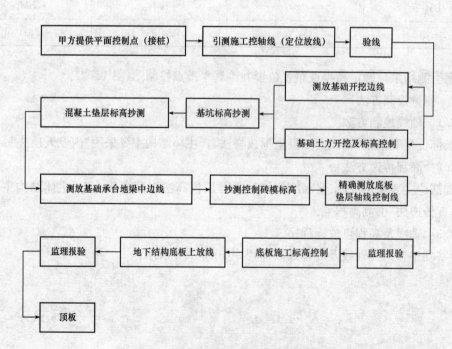

图 15.3 基础工程轴线及高程点放样程序

(2)地下结构工程。其轴线及高程点放样程序如图15.4所示。

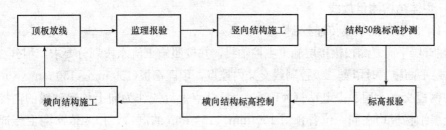

图15.4 地下结构工程轴线及高程点放样程序

(3)地上结构工程。其轴线及高程点放样程序如图15.5所示。

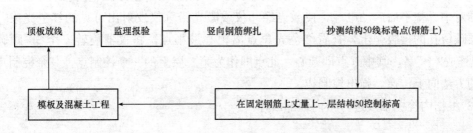

图15.5 地上结构工程轴线及高程点放样程序

4.3 轴线投测

(1)土方开挖。本工程基础为柱下独立基础、墙下条形基础，局部采用梁下翻式筏板基础。开挖前根据控制桩放出基础承台上口线，以此控制开挖尺寸和边坡坡度。用水准仪控制基础承台深度。

(2)基础承台浇筑后，根据总图提供的坐标数据和基础图上的轴线尺寸精确计算出各轴线交点坐标数据，检查无误后，再根据施工现场测量控制点坐标导线网将各轴线交点坐标投测到垫层面上，并进行校核，再用经纬仪导出各轴线交点的十字垂线，在垫层上用墨线弹出，并准确无误地放出基础承台地梁、中线、边线，弹上墨线，作为砖砌胎模的依据。

(3)基础底板、顶板施工轴线控制。为防止轴线上的墙、柱钢筋影响轴线交点坐标的测设，采取轴线偏离方法(偏离宽度根据现场而定)测设轴线控制线。再按轴线控制线引放其他细部线，而且每次轴线控制线的放样必须独立施测两次，经校核无误后方可使用。

4.4 标高控制

(1)高程控制点的联测。在向基坑内引测标高时，首先联测高程控制网点，以判断场区内水准点是否被碰动，经联测确认无误后，方可向基坑内引测所需的标高。

(2)标高的施测。为保证竖向控制的精度要求，对现场所需的标高基准点，必须正确测设，在同一平面层上所引测的高程点不得少于3个，并作相互校核，校核后3点的偏差不得超过3mm，取平均值作为该平面施工中标高的基准点。用红色三角作标志，并标明绝对高程和相对标高，以便于施工中使用。

(3)为了控制基础承台的开挖深度，当快挖到槽底设计标高时，用水准仪在槽底测设一些水平控制线，使上表面离槽底的标高为一固定值。

(4)根据标高引测控制点,分别控制底板垫层标高和底板面标高。

4.5 主体结构测量放线

4.5.1 楼层主控轴线传递控制

(1)在首层平面复测校核楼层施工主控轴线,并按照施工流水段划分要求,细分二级控制点。在首层平面施工时留置二级控制线交叉内控点,预埋钢板(150 mm×150 mm×8 mm),在内控线的钢板交点上用手提电钻打 Φ1 mm 小坑并点上红漆作为向上传递轴线的内控点。以后所有上层结构板均在同一位置预留 150 mm×150 mm 的洞口,作为依次向上传递轴线的窗口,照准点投测到作业层后,校核距离,用钢尺丈量,校核垂直度,检核一排三个点是否在同一条直线上,其精度误差不超过 2 mm。

(2)激光控制线投测方法(图 15.6)。在首层控制点上架设激光经纬仪或激光铅垂仪,调置仪器对中、整平后启动电源,使激光经纬仪或激光铅垂仪发射出可见的红色光束,投射到上层预留孔的接收靶上,查看红色光斑点离靶心最小点,将仪器旋转 4 个 90°画圆,将 4 个点连成"十"字,其中 0 点即圆心,此点即作为第二层上的一个控制点,其余控制点可用同样的方法向上传递,弹出控制线。

(3)根据内控主轴线进行楼内细部放样。

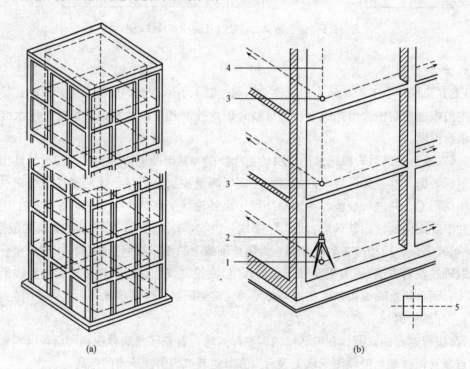

图 15.6 激光控制线投测方法

(a)平面控制点的垂直投影;(b)用垂准仪进行平面控制点垂直投影

1—底层平面控制点;2—垂准仪;3—垂准孔;4—铅垂线;5—垂准孔边弹墨线标记

4.5.2 楼层标高传递控制

(1)高程控制网的布置。本工程高程控制网采用水准法建立,现场共设置 4 个水准点。控制覆盖整个施工现场,分别牢固设在现场周围的围墙和永久的建筑物上。

(2)标高传递。主体上部结构施工时采用钢尺垂直高度传递高程。首层施工完后,应在结构的外墙面抄测+50 cm水平后视读数,并抄测该层+50 cm水平标高线。

(3)由于钢尺长度有限,当测量高度超过一整尺段(50.000 m)时,应在该尺段尾处的楼层精确测定第二条起始标高线,用墨斗弹在相应部位,将误差控制在2 mm以内,作为向上引测的依据。具体测设方法是:将水准仪安置于施工层,校测由下传上来的至少3条水平线,无误后将水平线用墨斗弹在相应部位,并用红色三角作标志,标明绝对高程和相对标高,将误差控制在2 mm以内。

(4)每层标高允许误差为3 mm,全高标高允许误差为10 mm,施工时严格按照规范要求控制,尽量减少误差。

4.5.3 主体结构外墙四大角控制

(1)为了保证四大角垂直方正,外墙大角以立面控制线与平面轴线相结合为准。

(2)具体测设方法是:顶板主轴线测设校核完后,将四大角主轴线引测到外墙立面上,弹上墨线做好明显标示,作为立面控制线向上引测的基线。根据现场情况,如果建筑物周边场地宽阔,用经纬仪正倒镜取中向上引测。如果现场不能满足用经纬仪向上引测的条件,一般采用线锤向上引测,且每次都在首层基线处向上引测。同时应特别注意:线坠的几何形体要规范;质量不小于3 kg;悬吊时上端务必固定牢固,线中间无障碍;线下端投线人的视线要垂直于墙柱面,当线左、线右距离小于1~2 mm时,再取平均位置作为投测的结果;投测中要防风吹和震动,尤其是风吹,可将线锤置于水桶内;线绳必须牢固。

(3)每层四大角外墙立面模板拆除后需马上引测校核好立面大角控制线,并做好明显标示,为下部施工作准备。

4.6 测量注意事项

(1)仪器限差符合同级别仪器限差要求。

(2)钢尺量距时,对悬空和倾斜测量应在满足限差要求的情况下考虑垂曲和倾斜改正。

(3)标高抄测时,采取独立施测二次法,其限差为±3 mm,所有抄测应以水准点为后视。

(4)垂直度观测时,若采取吊线锤,应在无风的情况下观测,如有风而不得不采取吊线锤时,可将线锤置于水桶内。一般尽量使用经纬仪或激光垂准仪观测。

4.7 细部放样的要求

(1)用于细部测量的坐标控制点或高程控制点必须经过检验。

(2)细部测量坚持由整体到局部的原则。

(3)方向控制尽量使用距离较长的点。

(4)所有结构控制线必须清楚明确。

5 质量标准

工程测量应以中误差作为衡量测绘精度的标准,以两倍误差作为极限误差。为保证误差在允许限差内,各种控制测量必须按《工程测量规范》(GB 50026—2007)执行,操作按规范进行,各项限差必须达到下列要求:

(1)建筑物控制网允许误差:1/20 000(边长相对中误差),±15″。

(2)竖向轴线允许偏差：每层 3 mm，全高 10 mm。

(3)标高竖向传递允许偏差：每层±3 mm，全高±10 mm。

6 沉降观测与变形观测

为了准确地反映建筑物的变形情况，本工程采用精密水准仪 DSZ2＋FS1 测微器、7 m 定制塔尺，以及精确的测量方法。

6.1 建筑物自身的沉降观测

以建筑物位移沉降区域外甲方提供的水准点基点为准。要求"三定"，即定人、定点、定仪器。

(1)应设计要求，对本建筑物作沉降观测，要求在整个施工期间至沉降基本稳定停止观测。

(2)本建筑物施工时沉降观测按二等水准测量进行，沉降观测精度见表 15.6。

表 15.6 沉降观测精度参考表

等级	标高中误差/mm	相邻高差中误差/mm	观测方法	往返校差附和或环线闭合差/mm
二等	±0.5	±0.3	二等水准测量	$0.6\sqrt{n}$（n 为测站数）

(3)沉降观测点设置。根据设计要求布设沉降观测点，用于沉降观测的水准点必须设在便于保护的地方。

(4)当施工到±0.000 时按平面布置位置埋设永久性观测点，每施工一层复测一次，直至竣工。

(5)工程竣工后，第一年测四次，第二年测两次，第三年后每年测一次，直至沉降稳定为止，一般为五年一次。

(6)及时整理观测资料，并与施工技术人员一同进行分析成果。

6.2 基坑护坡的位移观测

(1)在基坑护坡顶梁上布设变形点（变形点间隔为 10 m 左右），并在护坡基坑位移变形范围外牢固设置平面控制坐标点（置仪点），用全站仪坐标法，以各变形点的坐标变化为依据进行观测，判断其变形位移量。

(2)基坑外观测用点必须设置永久性固定位置。

(3)变形点观测频率为每三天一次，雨后加测一次，直至地下工程完工为止。

(4)做好变形观测数据资料的整理。

7 测量复核和资料的整理

(1)工程定位、测量工作完成后，由监理单位和甲方参加验线，验线方法和验线仪器与放线时程序相同，以确保验线工作的检查独立性。

(2)楼层验线由现场质量员及专职验线员复验各楼层的放线结果合格后，报监理工程师抽查复验。

(3)外业记录采用统一格式，装订成册，回到内业及时整理并填写有关表格，并由不同人员对原始记录及有关表格进行复核，对于特殊测量要有技术总结和相关说明。

(4)有高差作业和重大项目的要报请相关部门或上级单位复核认可。

(5)对各层放样轴线间距离等采用钢尺复核,保证准确无误。

(6)所有测量资料统一编号,分类装订成册。

8 施工管理措施

8.1 保证质量措施

(1)为保证测量工作的精度,应绘制放样简图,以便现场放样。

(2)对仪器及其他用具定时进行检验,以避免仪器误差造成的施工放样误差。测量工作是一个极为繁忙的工作,任务量大、精度要求高,因此必须按《工程测量规范》(GB 50026—2007)的要求,对测量仪器、量具按规定周期进行检定,在周期内的经纬仪与水准仪还应每1～2个月进行定期校验。另外,还应做好测量辅助工具的配备与校验工作。

(3)每次测角都应精确对中,误差为±0.5 mm,并采用正倒镜取中数的方法。

(4)高程传递水准仪应尽量架设在两点的中间,消除视准轴不平行于水准轴的误差。

(5)使用仪器时在阳光下观测应用雨伞遮盖,防止气泡偏离造成误差,雨天施测要有防雨措施。

(6)每次测角、丈量、测水准点都应施测两遍以上,以便校准。

(7)每次均应作为原始记录登记,以便能及时查找。

8.2 安全文明施工及环境保护措施

(1)各施测人员进入工地必须戴好安全帽,遵守公司及项目的各种安全规章制度。

(2)在外脚手架上吊线等高空作业时,需系好安全带,下面设一人看护线坠,以防伤人。

(3)严禁酒后及穿拖鞋上班。

(4)严禁用油漆、墨汁乱写乱涂。用剩的油漆及时回归库房,并封闭保管。

(5)正确规范地使用仪器,严禁仪器箱上坐人等不规范行为。

(6)仪器和工具使用完毕后,应及时擦拭干净,放置于通风干燥处妥善保管。

(7)轴线投测到边轴时,应提醒人员注意,防止高空坠落,保证人员及仪器安全。

(8)每次架设仪器时应保证螺旋松紧适度,防止仪器脱落下滑。

(9)在进行较长距离的搬运时,应将仪器装箱后再重新架设。

(10)对于轴线引测预留洞口,除引测时均要用木板盖严密,以防落物打击伤人或踩空,并设安全警示牌。

(11)向上引测时,要对工地工人进行宣传,不要从洞口向上张望,以防被落物打中。

(12)外控立面引测投点时要注意临边防护、脚手架支撑是否安全、可靠。

(13)遵守现场安全施工规程。

9 仪器保养和使用制度

(1)仪器实行专人负责制,建立仪器管理台账,由专人保管、填写。

(2)所有仪器必须每年鉴定一次,并经常进行自检。

(3)仪器必须置于专业仪器柜内,仪器柜必须干燥、无尘土。

(4)仪器使用完毕后,必须进行擦拭,并填写使用情况表格。

(5)在运输仪器的过程中,仪器必须以手提、抱等,禁止将仪器置于振动的车上。

(6)现场使用仪器时,使用仪器的人员不得离开仪器。在使用过程中防暴晒、防雨淋,正确使用仪器,严格按照仪器的操作规程使用。

(7)水准尺不得躺放,三脚架、水准尺不得作其他工具使用。

10 仪器送检证书

略。

项目16　建筑物沉降观测工程示例

某市某建筑群主要由8个单体工程组成,每个单体工程的占地面积为858 m²,建筑面积为23 000 m²,地下1层,地上30层,高度达98.85 m,均为筏形基础、剪力墙结构,地基持力层为砾砂层。本工程±0.000 m相当于绝对标高46.3 m,基础底标高为−8.2 m,该区地势平坦,地面标高高差不大,该工程设计使用年限为50年,建筑结构安全等级为二级。本工程建筑物的沉降是由地基、基础和上部结构以及降水共同作用的结果,其沉降量特别是差异沉降量若超过一定的限度,就会影响建筑物的正常使用和安全。在施工期间,对该工程根据所增加层数和荷载情况逐步进行沉降观测,以掌握、监控建筑物的沉降情况,分析是否正常,若有异常情况发生,需及时分析并采取相应的措施,以保证建筑物的施工安全。

1. 沉降观测的方案设计

(1)水准基点的布设。在现场踏勘的基础上,沉降观测的水准基点选在施工影响范围以外地基比较稳定的现有建筑物上。水准基点BM_4、BM_5、BM_6为一组,组成闭合水准路线并定期进行观测,根据观测成果选其中比较稳定的点起算基点。水准基点布置图如图16.1(a)所示。

(2)工作基点的布设。因水准基点距变形观测点较远,一方面为了减少观测误差的积累;另一方面为了观测方便,在所布设的水准基点的基础上布设工作基点(G_1、G_2、G_3)。工作基点布置图如图16.1(b)所示。

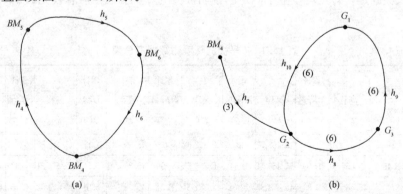

图16.1　水准基点和工作基点布置图

(3)沉降观测点的布设。按沉降观测点的布置要求,在1号楼、3号楼、4号楼、5号楼、7号楼、8号楼、9号楼、10号楼每栋楼布置6个沉降观测点,各楼变形观测点选在与一楼地面距离约为0.2 m处,并用膨胀螺栓作为观测点标记。沉降观测点布置略图如图16.2所示(以7号楼为例)。

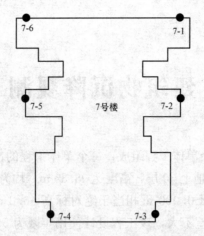

图 16.2　7 号楼沉降观测点布置略图

2. 沉降观测的工作实施

根据《工程测量规范》(GB 50026—2007)和本项目沉降观测技术设计的要求,对于新埋设的 3 个基准点,在埋设后一个月内,用一等水准精度联测,连续观测 3 个闭合环,其环线闭合差为 $\pm 0.15\sqrt{n}$ mm,其中 n 为闭合环线测站数。精度在要求范围内,取其平均值作为沉降点变形观测的高程起算值。对于各沉降观测点,采用二等水准精度进行联测,其环线闭合差为 $\pm 0.3\sqrt{n}$ mm,其中 n 为闭合环线测站数。观测点设置完毕后,立即进行首次观测,以后大楼每完成一层,观测一次。大楼验收后,第一年每三个月观测一次,验收使用一年后,每半年观测一次,若隔半年的最大沉降量不超过 3 mm,则可停止观测。每次观测往、返两个闭合环,观测结果在工程测量规范允许的限差范围内,则取往、返测各点的平差值的均值为本次观测的各沉降点的最或是高程。进行沉降观测期间,实现了观测路线固定、人员固定、仪器固定,转点均设置了固定的钢筋桩。沉降观测数据汇总表见表 16.1(以 7 号楼为例)。

表 16.1　7 号楼沉降观测数据汇总表

序号	观测日期	荷载/(t·m^{-2})	7-1 高程/m	累计沉降量/mm	7-2 高程/m	累计沉降量/mm	7-3 高程/m	累计沉降量/mm	7-4 高程/m	累计沉降量/mm	7-5 高程/m	累计沉降量/mm	7-6 高程/m	累计沉降量/mm
1	2011/10/13	0	45.470 90	0	45.468 75	0	45.392 52	0	45.395 31	0	45.415 68	0	45.406 52	0
2	2011/11/16	8.46	45.465 90	5.00	45.460 41	8.34	45.386 53	5.99	45.389 96	5.35	45.411 31	4.37	45.401 31	5.21
3	2012/01/18	8.46	45.464 07	6.83	45.458 37	10.38	45.384 21	8.31	45.388 40	6.91	45.409 52	6.16	45.398 36	8.16
4	2012/03/18	8.46	45.465 64	5.26	45.458 78	9.97	45.384 13	8.39	45.388 67	6.64	45.409 83	5.85	45.400 24	6.28
5	2012/05/25	19.03	45.460 85	10.05	45.455 05	13.70	45.381 39	11.13	45.385 12	10.19	45.404 87	10.81	45.394 90	11.62
6	2012/06/23	27.50	45.459 65	11.25	45.453 63	15.12	45.380 65	11.87	45.384 40	10.91	45.404 08	11.60	45.394 62	11.90
7	2012/07/06	31.73	45.457 55	13.35	45.451 47	17.28	45.378 42	14.10	45.382 03	13.28	45.401 46	14.22	45.393 41	13.11
8	2012/08/19	31.73	45.456 46	14.44	45.450 26	18.49	45.376 87	15.65	45.380 26	15.05	45.400 52	15.16	45.391 80	14.72
9	2012/10/19	31.73	45.455 64	15.26	45.448 71	20.04	45.374 75	17.77	45.378 35	16.96	45.398 15	17.53	45.391 36	15.16

3. 沉降观测的数据处理与成果管理

根据精密水准仪测得各测段的高差和各监测点与起算点的高差，然后进行全网平差，求得各水准基地和工作基点的高程值。再按测站平差计算沉降观测点的高程值，进而可以计算各沉降观测点的本次沉降量和累计沉降量。根据本次沉降量和累计沉降量，可以绘制沉降-荷载-时间曲线图及沉降等值线(以 7 号楼为例)。

(1) 7 号楼沉降-荷载-时间曲线图。在 7 号楼各沉降观测点中，2 号点沉降量最大为 20.04 mm，6 号点沉降量最小为 15.16 mm。平均沉降值为 17.12 mm，日均沉降值为 0.046 mm/d。7 号楼沉降-荷载-时间曲线如图 16.3 所示。

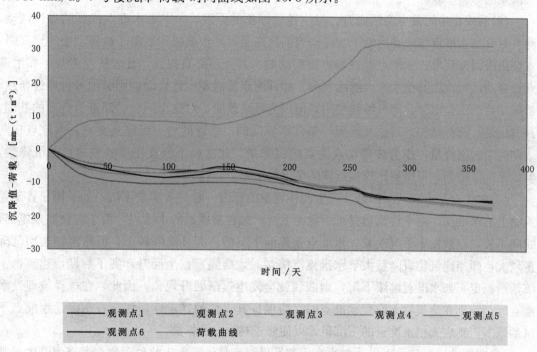

图 16.3　7 号楼沉降-荷载-时间曲线

(2) 7 号楼沉降等值线。根据每栋楼的各观测点的总沉降值，可绘制出沉降等值线图，如图 16.4 所示，从而直接反映出各沉降点的差异沉降情况。

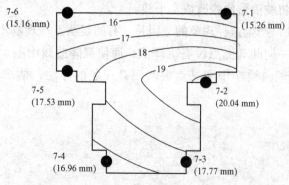

图 16.4　7 号楼沉降等值线图

4. 沉降观测中常遇到的问题及其处理方法

在沉降观测中常遇到一些矛盾现象，其可从沉降与时间关系曲线上表现出来。对于这些问题，必须分析其产生的原因，予以合理的处理。有下列几种常见现象：

(1) 曲线在首次观测后即发生回升现象。产生这种现象的原因，一方面可能是初测精度不高，另一方面可能是施工区内降水发生变化。如果是施工区内降水变化引起的，则属于正常现象。当原因是初测精度不高时，若曲线回升超过 5 mm，应将第一次观测成果作废，而采用第二次观测成果作为首测成果；若曲线回升在 5 mm 之内，则可调整初测标高与第二次观测标高一致。

(2) 曲线在中间某点突然回升。发生这种现象的原因，多半是水准点或观测点被碰动，而且只有当水准点被碰动后低于被碰动前的标高及观测点被碰动后高于被碰动前的标高时，才会出现回升现象。水准点或观测点被碰动时，其外形必有损伤，比较容易发现。如水准点被碰动，可改用其他水准点继续观测。如观测点被碰动后已松动，则必须另行埋设新点；若碰动后点位尚牢固，则可继续使用，但因为标高改变，对这个问题必须进行合理的处理，其方法是：选择结构、荷重及地质等条件都相同的，临近的另一沉降观测点，取该点在同一期间内的沉降量，作为被碰动观测点的沉降量。此法虽不能真正反映观测点的沉降量，但如果选择适当，可得到比较接近实际情况的结果。

(3) 曲线自某点起渐渐回升。产生此种现象的原因一般是水准点下沉，如采用设置于建筑物上的水准点，由于建筑物尚未稳定而下沉；或者新埋设的水准点，由于埋设地点不当，时间不长，以致发生下沉现象。水准点是逐渐下沉的，而且沉降较小，但建筑物初期沉降量较大，即当建筑物沉降量大于水准点沉降量时，曲线不发生回升，到了后期，建筑物下沉逐渐稳定，如水准点继续下沉，则曲线就会发生逐渐回升现象。因此，在选择或埋设水准点时，特别在建筑物上设置水准点时，应保证其点位的稳定性，如已查明确是水准点下沉的原因，则应测出水准点的下沉量，以便修正观测点的标高。

(4) 曲线的波浪起伏现象。曲线在后期呈现波浪起伏现象，此种现象在沉降观测中最常遇到。其往往不是建筑物下沉所致，而常常是测量误差所造成的。曲线在前期波浪起伏不突出，是建筑物下沉量大于测量误差之故，但到后期，由于建筑物下沉极微或已接近稳定，因此在曲线上就出现测量误差比较突出的现象。处理这种现象时，应根据整体情况进行分析，决定自某点起，将波浪形曲线改成水平线。

(5) 曲线中断现象。产生这种现象的原因是：有的观测点在现场不具备观测条件，而产生漏测情况，致使某一期此观测点没有沉降值，而使沉降曲线中断。为了将曲线连接起来使其连续，可按照处理曲线在中间某点突然回升现象的办法，估求出未作观测期间的沉降量。

项目 17 某高层住宅施工测量方案分析示例

1. 工程概况

某小区位于长安产业园西北角,占地面积为 13 万 m^2,建筑面积为 18 万 m^2,由 21 栋多层洋房(地下 1 层,地上 4 层)和 10 栋高层住宅(地上 18 层),以及配套公用设备房组成。其中,3 栋高层为现浇混凝土框架短肢剪力墙结构,位于 K 区西北部。

已有坐标点 K4($X=99\,736.531$,$Y=4\,713.325$)、K5($X=99\,502.172$,$Y=4\,709.838$)、高程基准点 K4(417.492)。

施工中采用轴线控制网和引轴线桩法对建筑物各层进行定位测量。

2. 编制依据

(1)《工程测量规范》(GB 50026—2007);

(2)业主提供的施工图纸。

3. 测量方案

(1)总平面控制网。总平面控制网定位基准:根据甲方于 2002 年 9 月 30 日提供的 DX03、DX04 两坐标点和 K 区总平面图确定总平面控制网。施工前,测绘局按《高层单体定位图》所给坐标进行建筑定位,复核无误后以此为基准建立总平面控制网。

1)±0.000 以下定位网布设。考虑现场情况及基坑开挖对定位桩的影响,基坑开挖时可根据 K4、K5 点直接定出各楼的定位点,再根据各楼的定位点施放出各楼的开挖边线。基坑开挖完毕后可根据各楼的形状将楼体分为三部分,每一部分设两个控制点作为桩位及轴线测设依据。具体点位如图 17.1 所示。

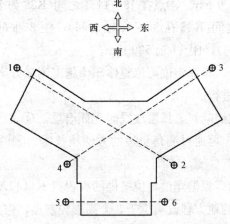

图 17.1 施工控制点分布

注:图中所示各点各打定位桩一个,刻出"十"字线。

其中1、2直线距Ea轴2 300 mm，3、4直线距Eb轴2 300 mm，5、6直线距B轴(K28在Bc轴上)1 000 mm。

2)±0.000以上定位网布设。待工程施工至±0.000时，利用已建立的控制网点在地下室顶板上建立控制网，根据建筑平面图计划布设①、②、③、④、⑤、⑥6个控制点组成控制网(详见图17.2)。利用首级控制网与在地下室顶板上建立的控制网进行联测，通过测角、量边校准，得到准确位置后埋点，埋点用10 mm×150 mm×150 mm的钢板焊接在顶板钢筋上，待顶板现浇混凝土达到一定的强度后精确重复上述测量工作，用钢錾在钢板上精确刻出"十"字线即可。最后作为上层施工放样及垂直控制的依据，自一层开始，以上各层施工时在矩形网对应点预留200 mm×200 mm方形传递孔4个，并砌筑防圈，以便利用激光铅垂仪进行竖向投点或传递，以控制点建立的控制直线为依据，按设计图纸放出各条轴线的位置，再以此为依据分别放出其于柱、墙、板的轴线及模板线。

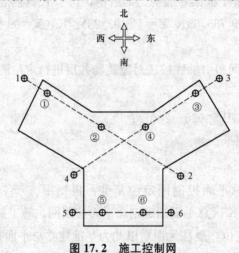

图17.2 施工控制网

注：其中①点距1a轴1 800 mm；②点在3～4轴之间(K28在3c～4c轴之间)，距3轴500 mm；③点距7b轴1 800 mm；④点在13～14轴之间(K28为13c～14c轴之间)，距14轴500 mm；⑤点在3～4轴之间(K28在3c～4c轴之间)，距3轴500 mm；⑥点在13～14轴上(K28在13c～14c轴之间)，距14轴500 mm。

(2)车库及工程桩定位。车库定位可见整体车库施工测量方案，工程桩定位可根据各楼的定位点利用相对坐标法进行。

(3)实际测设中应注意的问题。每层放线时先闭合②、④、⑤、⑥4点确定的矩形通过测角量边的方法加以校核，再通过测角量边的方法校核①、③两点，然后利用经纬仪配合钢尺施放出具体轴线。

(4)高程引测。现场标高根据建设单位提供的高程点K4(417.492)，用水准仪引测。在施工现场寻找不易受干扰的地方埋设不少于3个高程控制点，作为现场标高引测的基准。

每次引测标高前，要复核至少两个高程控制点的高差，无误后方可进行标高引测。

土方施工时，在基坑壁上打高程桩，作为土方施工与桩基、基础垫层及筏板施工高程控制基准。

一层剪力墙浇筑完后,将高程±0.000点控制点引至剪力墙外墙壁,上部高程用钢卷尺将标高引至所需楼层。

各楼层间标高用水准仪抄平,透明塑胶管辅助抄平。

(5)施工测量要求。

1)每层(或特殊部位)有标高控制线。

2)每层放线要做到墙、柱、有轴线、边线、定位线控制线(50 cm)。

3)当首层的墙、柱浇筑完混凝土后,根据K4点将±0.00测设到墙、柱上,并用墨线做出标识,四周的柱(或墙)上也要弹出轴线并做出标识。

4)在以上每个施工区中,标高根据首层所抄的+0.500 m线,用大钢尺向上拉至各施工层所需的标高,在标高向上传递时,从楼梯井井道内、建筑物外圈柱外侧、外墙外侧向上传递,要使钢尺能够铅垂,每个施工区传递2~3个标高点,然后用水准仪对所传递的标高进行复测,当标高点误差符合施工测量规范(DBJ 01—21—95)中表7.1.6的规定时,取其平均值作为本层标高的控制点,当建筑物高度超过钢尺长度时,应分段向上传递标高。

(6)装饰工程测量。

1)当结构完成后,根据在结构层轴线和建筑图中所标注的位置,放出砌墙的位置线;根据在结构施工中所弹出的每层的标高控制线控制门窗洞口的高度。

2)在墙面抹灰前,要对每个房间进行找方并弹出方正线,然后根据找方线进行冲筋抹灰找平。

3)地面面层的测量:当墙面抹灰完,需进行地面面层施工时,根据建筑图纸所标注的楼层标高和在结构中所弹出的结构层控制标高线,重新在四周墙面、柱上测设出50 cm水平线(当50 cm水平线无法测定时可测100 cm水平线)作为地面面层施工的标高控制线,所测水平线的精度应符合施工测量规范的规定。

(7)屋面施工测量。

1)首先检查各项流水实际坡度是否符合设计,并测定实际偏差。

2)在屋面四周测设水平控制线及各项流水坡度控制线。

(8)墙面装饰工程施工测量。

1)内墙面装饰竖直控制线,按1/3 000的精度投测。水平控制线每3.000 m两端高差应小于±1 mm,同一条水平线的标高允许误差为±3 mm。

2)饰墙面按设计需要分格分块时,按高与1/1 000的精度测定分格与分块线。

3)对外墙面装饰用铅垂线法在建筑物四角吊出铅垂钢丝并固定牢固,以控制墙面垂直度、平整度及板块出墙面的位置。外墙面水平控制向的精度,同内墙面装饰水平线的精度。

(9)窗的安装测量。在门窗洞口四周弹墙体纵轴线(外墙面控制线),在内外墙弹出50 cm水平控制线,精度满足每3.000 m两端高差不小于±1 mm,同一条水平线的标高允许误差为3 mm;层高允许误差为3 mm,全高允许误差应小于$3H/10\ 000$。

项目 18 地铁工程地面控制测量分析示例

沈阳地铁二号线全长为 19.245 km，全部为地下线路，全线设车站 17 座，车辆段 1 处，主变电所 1 座，平均站间距为 1 146 m，最大站间距为 1 520 m，最小站间距为 805 m。

全线 GPS 控制网首期布设观测任务于 2006 年 8 月—2006 年 10 月完成，依据相关要求，完成了全网 GPS 复测工作。

1. 测区概况

全网共计 20 个网点，其中包括城市二等控制点 5 个，布设的首级 GPS 控制点 14 个。

2. 作业依据和执行规范

《城市轨道交通工程测量规范》(GB/T 50308—2017)；

《工程测量规范》(GB 50026—2007)；

《城市测量规范》(CJJ/T 8—2011)；

《全球定位系统城市测量技术规程》(CJJ/T 73—2010)；

《全球定位系统(GPS)测量规范》(GB/T 18314—2009)。

3. GPS 控制网外业观测

全网采用 4 台 Trimble4700 双频接收机观测，仪器的标称精度为 5 mm+1 ppm×D。

观测前对 GPS 接收机和天线等设备进行全面的检验，设备状况及精度指标均符合规范要求。根据卫星可见性预报表、参加作业的接收机台数、点位交通情况、点位环视图以及 GPS 网形设计，进行观测纲要设计，编写出观测计划表及作业调度命令。

外业作业利用 4 台接收机采用静态相对定位模式，以同步四边形或三角形连接，扩展成空间 GPS 控制网。一共观测了 15 个时段(其中有 5 个时段为 3 台接收机同步观测)，总基线为 74 条，独立基线为 40 条，平均重复设站率为 2.9 次。

观测中仪器采用了光学对中，特别注意了仪器的整平、对中和天线高量测。开机后查看卫星接收情况，记录外业观测手簿，同时注意仪器的警告信息，及时处理各种特殊情况。

GPS 外业观测技术要求见表 18.1。

表 18.1 GPS 外业观测技术要求

卫星高度角/(°)	有效观测卫星数	观测时段长/min	数据采样间隔/s	PDOP	重复设站数
≥15	≥4	短边≥60 长边≥90	10~60	≤6	≥2

4. 内业数据处理

(1)基线向量解算和检查。每日外业工作完毕，及时将当天的观测数据录入计算机，采用 Trimble 的随机软件 TGOffice 对基线向量进行批处理解算和单独解算，检查解算出的基线是否满足规范要求的精度指标。对解算结果不好的基线作单独解算，通过删减卫星、改变时段和高度角等方法改善基线解算结果，对于单独解算仍不满意的基线则在次日进行重测或删除处理，通过删减处理后参与平差的基线共 62 条。然后将解算出的合格基线组成同步环，按照规范限差要求进行闭合差检验。经统计检查。所组成的 15 个同步环闭合差均满足规范限差要求。

当工作数日或工作结束后，由独立基线组成闭合环，即进行复测基线和异步环闭合差的计算检核。62 条基线共构成异步环 33 个，其闭合差统计见表 18.2。

表 18.2 异步环闭合差统计表

相对闭合差/ppm	<1	1~2	2~3	3~4	>4
闭合环个数	18	12	1	1	1

由表 18.2 可见，33 个闭合环中，有 18 个的相对闭合差小于 1 ppm，其中最小的相对闭合差为 0.0 ppm，最大的相对闭合差为 4.2 ppm。19 条复测基线也均满足要求，说明观测的精度和内部符合情况较好，观测值可靠。

(2) 三维无约束平差。分别采用 Trimble 的随机软件 TGOffice、武汉大学测绘学院的 CosaGPS 两种不同软件进行了平差计算，以兹比较。两种软件的平差结果十分接近，最后采用 CosaGPS 的结果作为最后成果。

三维无约束平差，采用 WGS84 坐标系，以"0207"的单点定位解为起算数据。三维无约束平差的目的主要是进一步检查所选基线向量的质量，评价 GPS 控制网的内符合精度与外业观测质量。一般可通过基线向量三个分量的改正数的大小来衡量最弱点的点位中误差。最弱边的相对精度以及验后单位权中误差均是衡量基线解算值质量的指标。最弱点的点位中误差与起算点的位置密切相关。复测网共 62 条基线作三维无约束平差，最弱点为点位"0202"，点位中误差为 7.7 mm，满足规范精度要求。

最弱边"0204~0205"的边长精度和边长相对精度分别为 0.2 cm 和 1∶312 000，该边的边长仅为 706.012 m，无论是边长绝对精度还是边长相对精度都满足规范要求。

(3) 二维约束平差。在三维无约束平差所选基线向量的基础上，进行二维约束平差。任意选取 5 个城市二等控制点中的 4 个作为起算点，另一个作为检查点，从中选择最优平差方案。采用北京 54 坐标系椭球参数，中央子午线取 123°00′。

通过比较，二维约束平差以城市二等控制点"行政学院""七二四一中""白塔中学""硬质橡胶"4 点为起算点进行二维约束平差计算(表 18.3)，以"瓦子窑"(对应点号 0006)作为检查点(表 18.4)。

表 18.3 二维约束平差的主要结果统计表

独立基线数	40
约束点数	4
最弱点	0205
最弱点精度/mm	4.6

续表

最弱边	$S_{0204-0205}$
最弱边精度/mm	3.4
最弱边相对精度	1∶20.8万

表 18.4　检查已知点坐标比较

点号	点名	原有坐标		复测坐标		差值/mm		
		X/m	Y/m	X/m	Y/m	ΔX	ΔY	ΔP
0006	瓦子窑	×××.777	×××.526	×××.778 4	×××.530 6	1.4	4.6	4.8

以上指标可满足《城市轨道交通工程测量规范》中最弱点点位中误差 12 mm 和最弱边相对中误差 1∶100 000 的精度要求，且已知点"瓦子窑"（对应点号 0006）的复测坐标和原有坐标互差较小，表明起算点能较好地约束全网。

5. 复测网与原网二维平差成果的比较分析

复测网与原网比较分析主要看两期 GPS 网的二维约束平差坐标是否有显著的差异。根据网的最弱点精度 $m_p \leqslant 12$ mm 的要求，GPS 网两期点位较差的允许值应为

$$\delta_p = 2\sqrt{2}\, m_p = 34 \text{ mm}$$

点位较差根据 GPS 网的两期二维平面坐标按下式计算：

$$d_{pi} = \sqrt{(x_{pi}^2 - x_{pi}^1)^2 + (y_{pi}^2 - y_{pi}^1)^2} = \sqrt{dx_{pi}^2 + dy_{pi}^2}$$

故两期网点坐标之差应满足：

$$d_{pi} \leqslant \delta_p = 34 \text{ mm}$$

6. 结论与建议

原测网和复测网的精度均能满足规范要求，GPS 网两期点位较差最大为 9.9 mm（COSA 平差成果），表明原控制网中点位稳定可靠，建议在地铁施工过程中除新设点位"GPS0213"采用本次测量成果外，其余点位仍使用原测网成果。

7. 附录

GPS 网二维平差新旧坐标对照表见表 18.5。

表 18.5　GPS 网二维平差新旧坐标对照表

点号	点名	原测坐标		复测坐标		差值/mm		
		X/m	Y/m	X/m	Y/m	ΔX	ΔY	ΔP
027	二经二校	4 628 406.585	534 732.129	4 628 406.588 1	534 732.131 6	3.1	2.6	4.0
029	能源大厦	4 628 689.457	535 295.967	4 628 689.456 5	535 295.975	-0.5	8.0	8.0
201	GPS201	4 636 657.693	534 092.414	4 636 657.685 3	534 092.414 2	-7.7	0.2	7.7
202	GPS202	4 637 078.619	535 068.985	4 637 078.611 9	535 068.980 2	-7.1	-4.8	8.6
203	GPS203	4 635 695.555	534 062.060	4 635 695.547 9	534 062.064 2	-7.1	4.2	8.2

续表

点号	点名	原测坐标		复测坐标		差值/mm		
		X/m	Y/m	X/m	Y/m	ΔX	ΔY	ΔP
204	GPS204	4 633 559.601	534 727.218	4 633 559.597 4	534 727.219 5	−3.6	1.5	3.9
205	GPS205	4 632 990.662	535 145.128	4 632 990.658 5	535 145.129 2	−3.5	1.2	3.7
206	GPS206	4 631 335.462	535 700.433	4 631 335.455 6	535 700.428	−6.4	−5.0	8.1
207	GPS207	4 630 697.107	536 095.677	4 630 697.104 9	536 095.681 8	−2.1	4.8	5.2
208	GPS208	4 626 168.176	535 818.428	4 626 168.183 8	535 818.433 8	7.8	5.8	9.7
209	GPS209	4 625 273.217	536 109.430	4 625 273.226 9	536 109.430 2	9.9	0.2	9.9
210	GPS210	4 623 962.573	536 226.311	4 623 962.578 1	536 226.313 1	5.1	2.1	5.5
212	GPS212	4 620 462.421	537 518.101	4 620 462.424 4	537 518.107 2	3.4	6.2	7.1
213	GPS213			4 635 233.393 1	534 125.930 7	新设点位		

参 考 文 献

[1] 中华人民共和国建设部，中华人民共和国国家市场监督管理总局. GB 50026—2007 工程测量规范[S]. 北京：中国计划出版社，2008.

[2] 中华人民共和国住房和城乡建设部. CJJ/T 8—2011 城市测量规范[S]. 北京：中国建筑工业出版社，2011.

[3] 中华人民共和国国家市场监督管理总局，中国国家标准化管理委员会. GB/T 12898—2009 国家三、四等水准测量规范[S]. 北京：中国标准出版社，2009.

[4] 中华人民共和国住房和城乡建设部. JGJ 8—2016 建筑变形测量规范[S]. 北京：中国建筑工业出版社，2016.

[5] 聂俊兵，赵得思. 建筑工程测量[M]. 郑州：黄河水利出版社，2010.

[6] 全志强. 建筑工程测量[M]. 北京：测绘出版社，2010.

[7] 甄红锋，崔德芹. 建筑工程测量[M]. 郑州：黄河水利出版社，2010.

[8] 赵国忱. 工程测量[M]. 北京：测绘出版社，2011.

[9] 唐春平，游华. 建筑工程测量[M]. 武汉：武汉理工大学出版社，2011.

[10] 赵国忱. 工程测量[M]. 北京：测绘出版社，2011.

[11] 谷云香. 建筑工程测量[M]. 北京：中国水利水电出版社，2013.

[12] 李社生，刘宗波. 建筑工程测量[M]. 大连：大连理工大学出版社，2014.

[13] 张博. 工程测量技术与实训[M]. 西安：西安交通大学出版社，2014.

[14] 李会青. 建筑工程测量[M]. 北京：化学工业出版社，2016.